欢迎来
虫虫夏令营！

【美】蒂姆·福莱斯特　伊安·哈梅尔 / 著

苏靓　徐强 / 译

中国出版集团　　现代出版社

版权登记号：01-2020-0647

图书在版编目（CIP）数据

欢迎来虫虫夏令营！/（美）蒂姆·福莱斯特,（美）伊安·哈梅尔著；苏靓, 徐强译. —— 北京：现代出版社, 2020.9

（酷酷的自然）

ISBN 978-7-5143-8329-4

Ⅰ.①欢… Ⅱ.①蒂…②伊…③苏…④徐… Ⅲ.①昆虫—少儿读物 Ⅳ.①Q96-49

中国版本图书馆 CIP 数据核字（2020）第 150336 号

Bug Camp

酷酷的自然：欢迎来虫虫夏令营！

作　　者	【美】蒂姆·福莱斯特　伊安·哈梅尔
译　　者	苏　靓　徐　强
责任编辑	王　倩　岑　红
封面设计	八　牛
出版发行	现代出版社
通信地址	北京市安定门外安华里 504 号
邮政编码	100011
电　　话	010-64267325　64245264（传真）
网　　址	www.1980xd.com
电子邮箱	xiandai@cnpitc.com.cn
印　　刷	北京华联印刷有限公司
开　　本	889mm × 1194mm　1/16
字　　数	130 千
印　　张	6
版　　次	2020 年 9 月第 1 版　2020 年 9 月第 1 次印刷
书　　号	ISBN 978-7-5143-8329-4
定　　价	48.00 元

CONTENTS
目 录

欢迎来到

虫虫夏令营

昆虫统治世界！四亿年前，昆虫低调稳妥的祖先们还是没有翅膀、只能在土里乱爬的简单节肢动物。随着时间的推移，它们已经演变成了具有强大飞行能力和复杂变态过程的生命。从某个角度讲，获得飞行能力的昆虫已经改变了地球！如今昆虫几乎渗透到所有的生态位中，并且可以说是除海洋之外几乎所有环境中的统领性动物，毕竟海里还有它们的甲壳类动物表亲称王称霸。地球上将近 80% 的动物物种都是昆虫。

许多人都认为昆虫恶心可怕，尤其是成年人。不过一旦你静下心来仔细从近处观察，会发现昆虫能够做许多神奇的事情。这些六足小动物奇特的生活方式和引人入胜的外形都会紧紧抓住你的注意力，让你开始思考自己与身边世界的关系。

网络时代的孩子们对于地球另一端所分布的昆虫的了解可能比对自己后院里的昆虫还要多。虫虫夏令营希望能够指引你去探索自己房前屋后的小世界；学习捕捉昆虫、采集昆虫、饲养昆虫

的小技巧；在倒木下、池塘里、溪流中寻找昆虫。牛粪和路上动物的尸体里也隐藏着小小生命。虫虫夏令营将带你去冒险，化身科学家，建立自己的科学实验室，去探究为什么有的昆虫能够在水上行走，测量甲虫的力量，或者调控蟋蟀的歌唱旋律。通过亲手喂养的方式了解各种捕食者，包括蚁狮、螳螂和蝎蝽。学习授粉昆虫的知识，检测它们对色彩的辨识能力。

虫虫夏令营希望引领你去探索昆虫的世界，并希望你能够在与这些奇妙动物接触的过程中提出各种问题。走进虫虫夏令营，相信我们一定能共享其中的乐趣！

现在是冒险时间！

Jim Forrest Jen Hamel

你好，
昆虫

动物学家喜欢根据动物之间的关系来对它们分门别类。他们通过鉴别不同物种外形之间的相似性来将它们分成被称为"分类阶元"的类群。举例来说，所有有外骨骼、分节身体以及带关节的腿的生物都可以归为一类，即节肢动物。

现在来想想这些外骨骼、分节身体和带关节的腿，你能列出一些可以被归类为节肢动物的生物吗？交叉对比一下蚯蚓、狗狗和蝈斯，它们都有分节的身体吗？有没有外骨骼呢？有带关节的腿吗？

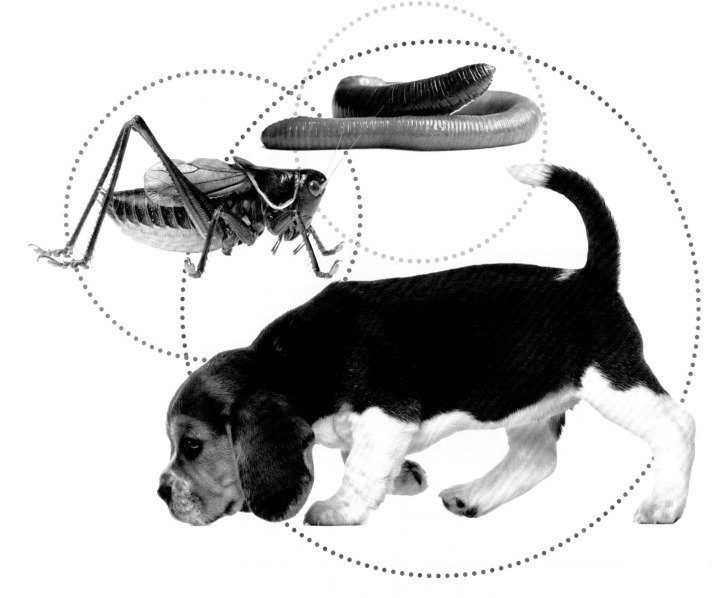

节肢动物

昆虫是节肢动物！蜘蛛和螃蟹也是。昆虫、蜘蛛和螃蟹都具备节肢动物共有的一些特征，比如带节的附肢，但它们之间也有许多区别，因此得以被归到不同的类群中去。你能辨认出一些可以将昆虫与蜘蛛区分为不同类群的特征吗？

昆虫

所有的昆虫之所以都被分到了一个家族，是因为它们的身体可以被分成三个部分：头部、长着六条腿的胸部，以及腹部。昆虫还长着一对触角。蜘蛛与其他蛛形纲（包括蝎子和蜱）动物被归为一类，因为它们的身体可以被分为两部分：长着八条腿的头胸部，还有腹部。蛛形纲动物没有触角。

虫虫夏令营
冒险项目

需要用到显微镜等设备

由于昆虫体形很小，你很难看清它们所有的身体部位。你可以用手机 App 里的显微镜功能，或者用真正的显微镜来观察这些细节。

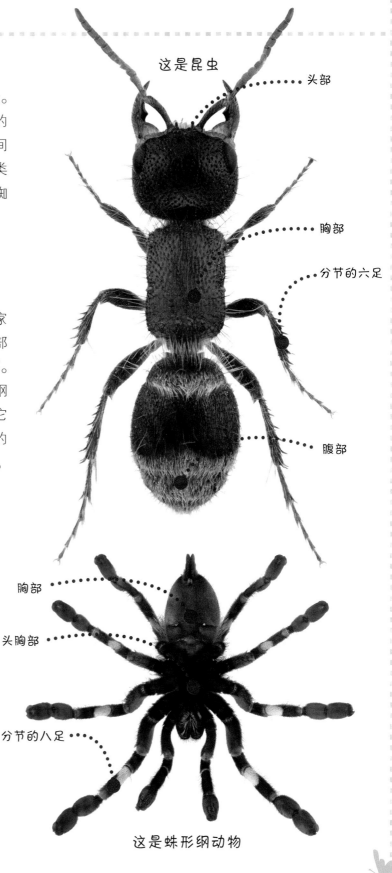

这是昆虫

头部

胸部

分节的六足

腹部

胸部

头胸部

分节的八足

这是蛛形纲动物

不长在头上的耳朵

虽然很多昆虫都有用来听声音的"耳朵"，但是这些耳朵却不长在头上！它们一般长在昆虫的腿上、翅膀上、触角上，还有腹部和胸部。

头部

昆虫的头部与其他动物一样，具有味觉、触觉、视觉和嗅觉的能力。不同的昆虫头部外观千差万别，但是却有着一些共同的特征：复眼、一对触角以及口器。有许多昆虫还有单眼。

指状触角　看起来像手指一样，见于虻。

触角

昆虫的触角有嗅觉的功能，有各种各样的形状和大小。

具芒状触角　看起来像球上长了根毛，见于家蝇。

单眼　复眼

刚毛状触角　看起来像一根毛，一般蜻蜓或者豆娘有这样的触角。

膝（肘）状触角　像胳膊肘一样弯着的触角，见于蚂蚁。

羽状触角　看起来像羽毛一样，多见于蛾和蠖等。

线状（丝状）触角　看起来像细线一样的触角，见于一些甲虫和蟑螂。

鳃状触角　触角端部有成排的盘片状结构，看起来好像扇面一样，一些甲虫长着这样的触角。

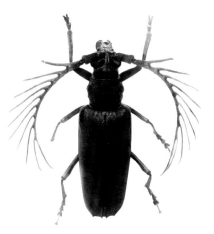

栉齿状触角　看着像梳子一样，有的甲虫有这种触角。

锤状触角　触角的端部膨大，见于蝴蝶。

口器

昆虫口器的类型取决于它们取食的食物。

咀嚼式口器　用于取食固体食物，比如动植物。蝗虫和很多甲虫都是这种口器。

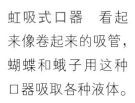

虹吸式口器　看起来像卷起来的吸管，蝴蝶和蛾子用这种口器吸取各种液体。

舐吸式口器　用来蘸食液体食物，苍蝇长着这种口器。

刺吸式口器　这种口器看起来好像医生用来采血的针头，它们可以穿透食物的表面，吸取里面的汁液。蚊子和蝽都长着这种口器。

嚼吸式口器　既可以吃固体也可以吃液体的口器，蜜蜂就是这样的。

胸部

昆虫的胸部是它们的动力马达。胸部分为三节，每一节上都有一对足。仔细观察一只虫子，你能分辨出三个长着腿的胸节吗？有些有两对或一对翅的昆虫，它们的翅长在中胸和后胸上。

足

大部分昆虫的足都分为五个节，让它们可以自由活动。这种足称为步行足。有些昆虫足上的一部分节特化，可以胜任别的工作。

开掘足 可以用来挖掘，蝼蛄和蝼蛄就长着这种足。

开掘足看起来像铲子。

跳跃足 是用来跳的。蝗虫、蟋蟀和螽斯都有这种足。

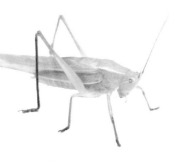

捕捉足 能够有效抓握猎物，螳螂就有这样的前足。

游泳足 顾名思义，可以用来划水游泳。龙虱和一些水生蝽类有这样的足。

游泳足很像船桨。

翅

大部分昆虫胸部都长有两对翅，有些类群的昆虫翅特化，不再是简单的膜质。

鞘翅 是又厚又硬的前翅，覆盖并保护脆弱的后翅。甲虫和蠼螋是这样的翅。

半翅 是靠近身体的一半为革质，但远离身体的一半为纤薄的膜质的翅膀，蝽类就长着这样的翅。

捕捉足利于抓取物体。

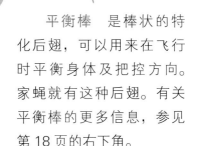

平衡棒 是棒状的特化后翅，可以用来在飞行时平衡身体及把控方向。家蝇就有这种后翅。有关平衡棒的更多信息，参见第 18 页的右下角。

覆翅　是皮革一样的前翅，蟑螂、蟋蟀、蝗虫和螳螂就属于这种类型。

鳞翅　其上长满了细小的鳞片，蝴蝶和蛾子就是这样的。

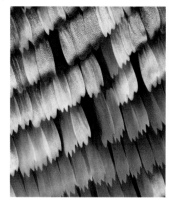

蝴蝶翅膀上的鳞片如此之小，你需要用显微镜才能看见。如果用手指去碰触蝴蝶的翅膀，鳞片可能会脱落下来，沾在你手指上的鳞片看起来就像灰尘一样。

腹部

昆虫的腹部结构最适宜用来观察它们身体分节的特征。每个腹节两侧可能会有像小窗口一样的洞洞，这些洞洞叫作气门（气孔），是昆虫呼吸的开口。这些气门连接着气管，可以将氧气输送到身体的各个部位。

有些昆虫腹部的末端有尾须，它们的作用像屁股后面的触角一样，而在蠷螋这样的昆虫身上，还特化成了尾铗。

尾须

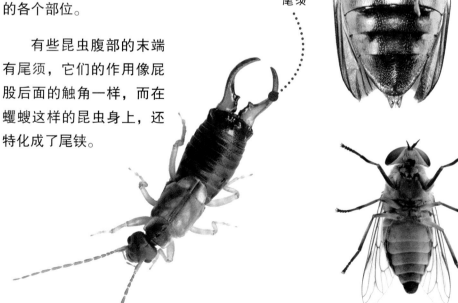

雌性昆虫的腹部末端还有产卵器（产卵瓣）——第 36 页上有蟋蟀的产卵器可以看哦。

昆虫的分类阶元

现在你了解了所有昆虫共有的特征：头部、胸部、腹部、六条腿以及一对触角。另外也知道了一些昆虫学家用来描述昆虫身体部位的术语。比如，蚂蚁有膝状触角，但蠹斯则有线状触角。

既然想从全世界预计多达 600 万的昆虫物种中进行鉴定，你还需要具备更多的能力。科学家是怎么去给这么多种昆虫进行分类的呢？长久以来，昆虫学家都是按照昆虫身体上不同结构的形态进行分门别类的。你平常会把什么东西分门别类呢？糖果？游戏卡？各种各样的零钱？

通过归类的方式可以有效了解不同昆虫类群中各有多少不同的物种。以昆虫外貌为基准进行分类可以体现出昆虫之间的关系，关系近的物种看起来一般比关系较远的更相似一些，但也不是所有的物种都会遵循这种模式。如今人们也会使用 DNA 来研究昆虫类群之间的关系。

在下面的几页内容中，你会认识一些最大的昆虫分类阶元，也就是物种的大类群。之后的谱系树显示了它们之间的关系，以及昆虫的一些重要特征是如何演化而来的。

虫语

　　学点昆虫学方面的术语有助于你参加更多的昆虫冒险。

昆虫学家：专门研究昆虫的生物学家。

变态：生物个体在生活史中经历的改变。

不完全变态：有些昆虫的一生需要经历三个阶段，在这个过程中幼体和成体差异不大。

完全变态：有些昆虫的一生需要经历四个阶段，幼体和成体差异巨大，其中还要经历蛹期。

若虫：这是陆生不完全变态（渐变态）昆虫小时候的称呼，其形态和成年后很相似，吃的食物也一样。

稚虫：水生不完全变态（半变态）的昆虫有鳃，它们的幼体叫作稚虫。

幼虫：完全变态昆虫幼体的名称，它们的生境、外貌和食性往往和成体差别很大。

蛹：完全变态昆虫在幼虫期和成虫期之间的阶段。

幼体：昆虫中稚虫、幼虫、若虫的统称。

衣鱼目，也称缨尾目（衣鱼）：衣鱼是最老的昆虫类群之一，最早的昆虫长得就和它们很像。衣鱼从卵中孵化，幼体蜕几次皮后成年，而成年后依旧会蜕皮，幼体和成体长得很像。

如何鉴定衣鱼：衣鱼成体体表覆盖着银色的鳞片，而且没有翅膀。衣鱼的腹部端部有三条"尾巴"：一根中尾丝和两根尾须。衣鱼的触角是长长的线状，口器为咀嚼式，足为步行足。

采集诀窍：衣鱼居住在阴暗潮湿的环境里，室外的采集点一般在落叶和石头下面，而室内则可以在地下室、厨房、厕所和储物箱里找到它们。衣鱼喜欢吃纸和纸箱子。

蜻蜓目（蜻蜓和豆娘）：蜻蜓是最早长出翅膀的昆虫类群，是空中捕食的霸主。它们的幼体叫作稚虫，从小在水下发育长大，和成体的样子差别较大。蜻蜓的幼体和成体一样会捕食其他昆虫，但它们也会吃蚯蚓、蜗牛甚至蝌蚪和鱼。当蜻蜓稚虫准备向成虫

形态进发时，它们会爬出水面，并把自己挂在植物上。试着检查一下池塘边缘的植物，可能会找到稚虫蜕皮后留下的旧皮！

怎样鉴定蜻蜓目：成年蜻蜓和豆娘体形较大，并且往往颜色鲜艳。它们的腹部细长，四片翅膀也又大又长，是强大的飞行家。蜻蜓和豆娘用足围成捕捉篮，在空中

捕捉猎物。它们的触角非常短，像刚毛一样，上颚很大还有齿（蜻蜓目的拉丁文就是有齿的意思）。蜻蜓和豆娘会用自己大大的复眼寻找猎物以及躲避捕食者，比如拿着网的人类！

蜻蜓和豆娘分属两个独立的大类群，也就是说，蜻蜓和蜻蜓之间的关系肯定比蜻蜓和豆娘的关系要近。

怎样区别蜻蜓和豆娘： 蜻蜓休息时会将翅膀摊开在身体两侧，而豆娘则一般会将翅膀在背上合拢。去池塘边溜达一圈实践一下吧。

采集诀窍： 水边能找到成年的蜻蜓，但是真的很难抓到。雄性蜻蜓有领地意识，经常会落在固定的栖杆上，或者按照固定的路线飞行。观察一阵子，耐心等待，然后准备好挥网吧！

有关蜻蜓目的冒险项目： 见第 60 页和第 61 页。

蜚蠊目（蟑螂和白蚁）： 蟑螂和白蚁都有咀嚼式口器和步行足。

怎样鉴定蟑螂： 蟑螂有扁平的椭圆形身体和覆翅，触角线状。

它们身体末端的尾须能够感受空气流动，这就是为什么蟑螂总是

可以躲开那些想要踩死它们的人！蟑螂大部分的头部和胸部被一种叫作前胸背板的东西所覆盖。它们是杂食动物，几乎什么都吃。

怎样鉴定白蚁： 白蚁看起来和蚂蚁有一点相似，与蚂蚁不同的是，它们的身体比较软，颜色浅，而且触角是直的（蚂蚁有膝状触角）。白蚁是群居昆虫，这一点和蚂蚁及蜜蜂一样。每个白蚁巢里的白蚁都是亲戚，但是因为各司其职，看起来样子差别却很大。工蚁和兵蚁没有翅膀或没有眼睛，它们负责寻找食物、挖掘通道，并通过信息素（费洛蒙）告诉其他白蚁食物的位置。兵蚁的任务是保护蚁巢，而工蚁给它们喂饭（兵蚁自己不能取食，因为它们的上颚太大了！）。蚁王和蚁后是唯一有翅膀的白蚁，每到繁殖季节时，它们会用翅膀进行婚飞。

采集诀窍： 蟑螂可以在落叶和堆肥里找到，而在腐烂的倒木里可以同时找到蟑螂和白蚁。

有关蜚蠊目的冒险项目： 见第 91 页和第 92 页。

虫虫夏令营
科学知识

按照昆虫外貌进行分类的方式可以帮助科学家了解它们之间的关系，但这方法也不是每次都管用。蟑螂和白蚁以前属于不同的类群，而最近研究昆虫演化的科学家使用来自不同昆虫的基因进行分析，重新构建它们的系统树。这些基因的分析表明，蟑螂和白蚁是最亲的亲戚。

现在许多科学家都将白蚁和蟑螂一同归入蜚蠊目，不过如果你去翻看 2015 年以前的书本或网络资料，可能会发现白蚁依旧被归为旧的类群名称，也就是等翅目。这是科学很酷的一点：随着科学家学习新的知识，书本里的内容也会跟着变化。如果多加留意，你会看到在各个科学领域都有这样的现象！

螳螂目（螳螂）：螳螂是擅长打伏击的猎手！它们会等待猎物自己上钩。大部分螳螂都有很好的保护色。

怎样鉴定螳螂：螳螂有强壮的捕捉式前足，非常便于捕捉和抓握猎物，它们的头部很宽，两侧有大大的复眼，还有强大的咀嚼式口器。螳螂的前胸很长，可以为头部提供足够的转动灵活度，能够"越过肩膀看世界"。

成年螳螂的轻薄后翅上覆盖着覆翅，当螳螂不飞行时，这两对翅膀会叠起来平放在背上。雌性螳螂体形比雄性要大，它产下的卵会包裹在硬硬的卵鞘里，并且会把卵鞘粘在树枝上。

采集诀窍：螳螂的卵鞘可以在草地边的低枝上见到。如果采集到卵鞘，你可以把它放在塑料盒里等待小螳螂孵化。这时候你要赶快给它们喂小果蝇，不然它们会自相残杀的！

蟾目（竹节虫）：竹节虫是伪装的大师！许多竹节虫的长相即使在昆虫界也是数一数二的怪异。它们的若虫和成虫长得很像。

怎样鉴定竹节虫：北美的竹节虫物种看起来很像棍子，但也有一些长得像叶子或者植物的其他部位。竹节虫用咀嚼式口器吃植物，许多都没有翅膀。

有些竹节虫会用化学物质保护自己不被脊椎动物吃掉。比如双纹蝻在受到惊扰时会喷出液体。许多竹节虫不仅看起来像植物，它们的行为也模仿植物。竹节虫行走的速度很慢，还会一边走一边前后摇摆，看起来和微风中摇摆的树枝没什么区别。

采集诀窍：找找树干和其他大型植物。晚上的竹节虫很活跃，因此也是最佳采集时段。它们是体形大速度又慢的昆虫，所以用手抓就可以了。别把脸凑得太近，有的竹节虫会喷你的。

但是没有翅膀。

采集诀窍：带着扫网慢慢地在田野里漫步，蝗虫会由于扰动在你面前蹦跳。如果看见了蟋蟀或者螽斯，可以用网或者小瓶子抓住它。傍晚的时候，仔细聆听蟋蟀和螽斯的歌声……循声而去。

有关直翅目的冒险项目：见第36、37、88、89页和第92页。

半翅目（蝉、叶蝉、蚜虫、蚧壳虫和蝽）：半翅目与直翅目一样，包含了一些出色的声音制造者。有些蝉是昆虫界最为吵闹的家伙，它们的近亲——叶蝉可以将自己居住和取食的植物茎秆作为媒介，发出独特的信号。人们需要使用特殊的接收器才能检测到叶蝉的信号。

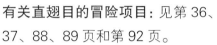

直翅目（蝗虫、蟋蟀、螽斯）：这些是昆虫里的歌唱家！蝗虫、蟋蟀和螽斯身上都有专门可以用来发声和接收声音的结构。

怎样鉴定直翅目：直翅目有跳跃足，大部分的成虫都有翅。它们宽阔精致的后翅折叠在覆翅下面。直翅目的触角也是线状的，蝗虫的触角比胸要短，而蟋蟀和螽斯的触角则很长。大部分的直翅目都用咀嚼式口器吃植物。若虫和成虫很像，

怎样鉴定半翅目：所有的半翅目昆虫都有刺吸式口器，还有一个大大的"鼻子"，里面装着泵状结构，用来提供吮吸液体食物的吸力。许多半翅目昆虫背上翅膀之间都有个三角形的结构，称为小盾片。半翅目下的一个亚目称为异翅亚目（蝽类），蝽的前翅很特殊，被称为半翅，靠近头部的一半是结实的革质，而靠近腹部的一半则很纤薄。蝽类的典型代表是猎蝽、同蝽、缘蝽、蟾蝽和臭虫等。在英语里，我们可以将所有的蝽都称为"BUG"。

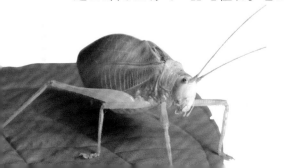

屋脊一样背在身后。

　　成年齿蛉有着巨大灵活的身体，庞大的咀嚼式口器，以及细长的线状触角。成年雄性齿蛉用它们又长又尖的上颚与其他雄性决斗。成年鱼蛉看起来像口器较小的齿蛉，雄性鱼蛉长着羽状触角。泥蛉体形比前两类都小。成年广翅目昆虫一般居住在近水的环境，雌性将卵产在水面以上的石头上（齿蛉）、草茎上（泥蛉）或者树叶上（鱼蛉）。

采集诀窍：几乎各种各样的生境里都有半翅目昆虫的分布。水里有大田鳖、蝎蝽，植物上有叶蝉、蚜虫、同蝽、缘蝽和蝉。许多半翅目昆虫都可以用手直接采集，但是你要小心：有些捕食性的蝽，比如猎蝽，就会狠狠地咬你。

有关半翅目的冒险项目：见第26、38 页和第 59 页。

广翅目（齿蛉、泥蛉和鱼蛉）：这些大型昆虫的翅膀透薄，上面有显眼的翅脉。

怎样鉴定广翅目：这些昆虫与石蝇和蜉蝣不同的地方在于，它们没有尾巴（尾须）。成年广翅目的前翅和后翅差不多大小。不飞行的时候，它们的翅膀像

采集诀窍：夏天的晚上，在路灯附近、溪流或小河边寻找它们。使用塑料瓶、网或者自封袋进行捕捉。如果想找齿蛉卵，可以留意小溪边缘桥上或大石头上圆形的白色卵团。卵孵化后，幼虫落入水里，开始它们捕食性的幼虫阶段。齿蛉幼虫大约要花三年时间待在溪流里。

脉翅目（草蛉和蚁蛉）：草蛉和蚁蛉都是捕食者，小时候的齿蛉和蚁蛉有着捕吸式口器：它们会把猎物吸空空！

怎样鉴定脉翅目：这一类群中的成体昆虫都有四片精巧的翅膀，上面有细腻的脉络。不飞的时候，它们的翅膀会呈屋脊状背在背上。蚁蛉成虫看起来很像豆娘，但是它们的触角是中等长度的锤状触角，而豆娘则是刚毛状触角。成年草蛉的翅膀上有听器。

注意观察：成年绿草蛉的幼虫是善于用苔藓进行伪装的缓慢捕食者。它们会慢慢地挪动到一群叶蝉或是蚜虫中间，然后不动声色地吃起来。如果你看见一小团自己乱爬的苔藓，那很可能就是草蛉幼虫了。

有关脉翅目的探索项目：见第 56 页和第 57 页。

鞘翅目（甲虫）：在所有的昆虫类群中，鞘翅目所包含的物种数量是最多的——超过 40 万个物种！甲虫的体形可以很小（小于 1 毫米），也可以很大（大于 10 厘米）。

怎样鉴定鞘翅目：鞘翅目的意思就是"带鞘的翅膀"，指的就是它们的前翅。当鞘翅合并时，这些硬邦邦亮闪闪的翅膀之间会留出一条直直的缝隙。甲虫的后翅薄而透，折叠在前翅下面。甲虫有咀嚼式口器和步行足，它们的触角形态千奇百怪。甲虫的幼虫样子也各式各样，但是大部分看起来都像有六条腿的白乎乎毛毛虫。

采集诀窍：到处都能找到甲虫：植物上、土壤里、水里、倒木里、腐肉里，甚至便便里都有。许多物种都可以直接用手抓，用网也可以。很多甲虫都会被光吸引。

有关鞘翅目的探索项目：见第 26、35、66、67、80 页。

双翅目（蝇蚊蠓蚋）：这一大类群包含了大约 12000 个物种。

怎样鉴定双翅目：只需要数数翅膀！双翅目的昆虫只有两片翅膀，或者称为一对翅膀。它们的后翅退化成了称为平衡棒的小锤状结构，用来平衡身体和调整方向。大部分的双翅目昆虫都有柔软的身体，有的有刺吸式口器，也有一些有舐吸式口器，还有一些口器退化。它们蠕虫样的小型幼体被称为"蛆"。

采集诀窍：使用网捕，或用味道刺激的东西作为饵诱捕，比如粪便或者烂肉。许多双翅目昆虫都是授粉者，可以在花朵上找到。

有关双翅目的探索项目：见第24、41、66、67页。

虫虫夏令营
点滴知识

　　许多昆虫的英文名字里都有"蝇（fly）"这个词，你能数出来多少呢，是石蝇（stonefly）、蜻蜓（dragonfly）、石蛾（caddisfly）等吗？这些其实全都不是双翅目昆虫！如果一种昆虫的名字里有"fly"这个词，但是这个单词又不是单独存在的，那么这种昆虫就不属于双翅目。

　　举例来说，蜻蜓（dragonfly）是蜻蜓目的，但家蝇（house fly）就是双翅目。

鳞翅目（蝴蝶、蛾）：鳞翅目这个名字指的是这些昆虫的翅膀、腹部和腿上所覆盖的细小鳞片，有的鳞片色彩非常鲜艳。

　　怎样鉴定鳞翅目：鳞翅目昆虫都有长长的喙和大大的复眼。不同类群

的触角形态各不相同。鳞翅目的幼虫叫作毛毛虫，它们身体柔软，胸部和腹部都有小小的足。毛毛虫腹部的足称为腹足。毛毛虫长着咀嚼式口器。这些小家伙的移动速度很慢，许多鸟类、蝙蝠和别的大动物都以它们为食。有的毛毛虫身上的花纹可以把它们伪装成蛇或其他捕食性动物，也有的长着可以帮助它们融入环境的纹路。

采集诀窍：用网！蝴蝶看起来很容易抓……不过真抓起来可不一定！蛾子容易被光线吸引。有的毛毛虫会用能分泌毒素的毛刺保护自己——别乱碰！

有关鳞翅目的探索项目：见第38~40页，第66、67页。

别碰长毛的！

19

膜翅目（叶蜂、胡蜂、蚁、蜜蜂）：这一大类群包含了捕食者、植食者、授粉者和寄生者。其中的许多物种会照看自己的后代，有的会集结成小家庭或大种群生活。

怎样鉴定膜翅目：蜜蜂、蚂蚁和胡蜂都有"腰"：它们的胸部和腹部相接的地方非常狭窄，而叶蜂则没有"腰"。蚂蚁和白蚁的习性很相似，只有参与繁殖的蚁后和雄蚁才会飞。繁殖蚁有四片薄薄的翅膀，这一点与蜜蜂和胡蜂相同。它们的前翅和后翅靠一排称为翅钩的结构连接在一起。由于翅钩的存在，蜜蜂在飞行时，前后翅会一起运动。叶蜂、蚁和胡蜂都有咀嚼式口器，而蜜蜂则有同时具备咀嚼和吮吸能力的嚼吸式口器。许多蚁和蜂都有特化为螫针的产卵器，能够释放毒素。

采集诀窍：用网捕捉蜜蜂和胡蜂，而捕捉蚂蚁则需要用杯诱。要记住蜜蜂和胡蜂都会往上飞，所以检查自己网里的虫子时千万不要把头探过去！

有关膜翅目的探索项目：见第 66、67、86、87 页。

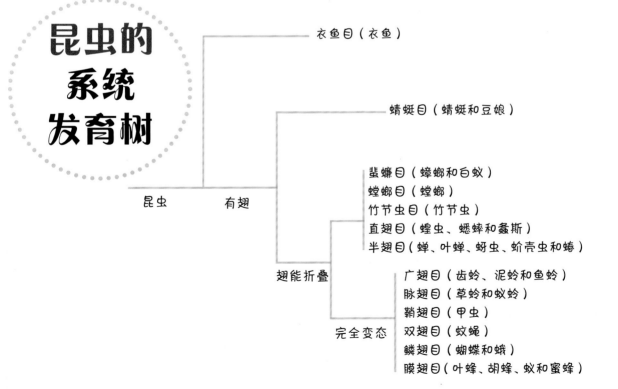

昆虫的系统发育树

衣鱼目（衣鱼）

蜻蜓目（蜻蜓和豆娘）

蜚蠊目（蟑螂和白蚁）
螳螂目（螳螂）
竹节虫目（竹节虫）
直翅目（蝗虫、蟋蟀和蠹斯）
半翅目（蝉、叶蝉、蚜虫、蚧壳虫和蝽）

广翅目（齿蛉、泥蛉和鱼蛉）
脉翅目（草蛉和蚁蛉）
鞘翅目（甲虫）
双翅目（蚊蝇）
鳞翅目（蝴蝶和蛾）
膜翅目（叶蜂、胡蜂、蚁和蜜蜂）

昆虫　　有翅　　　翅能折叠　　　完全变态

昆虫变态和生活史

仔细阅读第20页的昆虫系统发育树，越靠左边的分支代表着越早发生的演化事件。你会注意到衣鱼处在最早的分支上。衣鱼是一种原始的昆虫（六足节肢动物），它们没有翅膀，而且几乎完全不会经历变态发育！具有这种生活史类型的昆虫，从卵里孵化出来后会变成和成体一样的幼体，只是体形要小一些。这种昆虫的外形没有任何变化的发育方式叫作表变态。

许多昆虫在生活中都会经历剧烈的变化，然后变为成虫。虽然不是所有的成虫都有翅，但是有翅的一定是成虫。也就是说，如果你看见一只长翅膀的昆虫，那它肯定是成虫！对于有翅的昆虫来说，它们的幼体转变为成虫时会经历明显的变态。再看看左边的系统发育树，你能用不同的变态类型标记这些昆虫类群吗？蜻蜓（蜻蜓目）、蝗虫（直翅目）、蝽（半翅目），这些昆虫的生活史分为三个阶段：卵、若虫（对于幼期水生的则称为稚虫）以及成虫。只有三个不同阶段的昆虫称为半变态或渐变态。一般来讲，稚虫和成虫的样子很像，不过也不总是如此。

若虫　　成虫

现在看看系统发育树上最靠右的一支，这一大类群包括蝇（双翅目）、甲虫（鞘翅目）和蝴蝶（鳞翅目）。在这一支里，所有的幼体和成体外形差异都非常巨大。回想一下毛毛虫和蝴蝶的样子吧：虽然是同一物种，彼此之间却有着天壤之别！为什么会这样呢？当蝶或者蝇这样的昆虫发育时，会经历四个阶段（卵、幼虫、蛹、成虫）。

蛹期就是神奇现象发生的阶段。拥有蛹期的昆虫所经历的发育过程叫作完全变态。

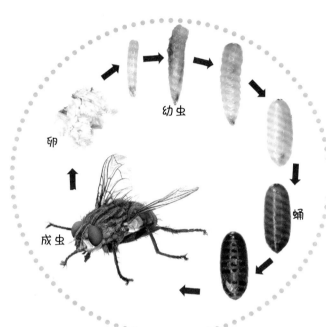

幼虫

卵

蛹

成虫

昆虫的生长

昆虫与人类一样，会从小孩（或幼体）发育为成年人（成体）。不过对于昆虫来说，它们在生长的过程中所发生的一些事情可和你大不一样。

想一想：你长大的时候，你的衣服也会长大吗？是不是有些你很喜欢的衣服随着长大很快就穿不进去了呢？昆虫的外骨骼和你的衣服一样，是不能自己长大的。也正因为如此，当昆虫慢慢长大，它们有时候会需要蜕掉自己的外骨骼。蜕皮之后新的外骨骼很柔软，需要过一段时间才能硬化。幼期的昆虫一般在成年前会经历好几次蜕皮过程。

昆虫生境

各种各样的环境都会被昆虫选为生活和繁殖的场所，它们的一些选择会让你惊讶万分。

倒木

死掉腐烂的树木会吸引很多种昆虫和其他动物。如果你在森林里找到一根倒木，可以先扒开表面的树皮寻找底下的昆虫。如果这根倒木很小，那么你甚至可以把它翻过来看看下面有什么。

用螺丝起子或者撬棍撬开倒木内部，会发现各种蛀木的昆虫，比如白蚁、蚂蚁、蟑螂、黑蜣，还有许多甲虫幼虫。蜈蚣和马陆还有跳虫也会在倒木里生活。

图中这些居住在倒木里的节肢动物包括蟑螂（最左边）、跳虫（上图左边）、黑蜣（上图右边）、蠼螋和它的宝宝（左下），还有蚂蚁（右下）。

落叶堆

你一定想象不到在落叶堆里能找到多少种昆虫。这些虫子用一只伯利斯漏斗就可以采集到！本书的第 45~46 页有伯利斯漏斗的制作方法。大部分住在落叶堆里的昆虫体形都很小，你需要用放大镜或者体视镜才能看见它们的样子。可能找到的动物包括小型昆虫、跳虫、伪蝎、螨，其他蛛形纲动物和许多别的小东西。

落叶堆里能找到的节肢动物包括螨（右上）、跳虫（右中），还有甲虫的幼虫（右下）。

腐肉（动物尸体）

开着车看见路边的死动物对于昆虫爱好者来说是一件乐事，因为死尸会吸引很多不同的昆虫。最好用棍子把尸体从路边弄走，这样在你查看它们的时候就不会被车撞到了。

尸体在腐烂的过程中会经历不同的阶段，而在每个阶段都会有不同的昆虫造访，这都取决于动物死了多长时间。

吸引
昆虫

你可以用残羹剩饭、生肉（鸡肉就不错）或者骨头吸引昆虫。将饵料放在装着落叶和土壤的塑料盒里。处理完饵料后一定要注意洗手。

把捕捉盒放到外面，开始等待。最好把捕捉盒放在小笼子里，或者用铁丝网（网眼最少 1.3cm 宽）盖起来，以防猫狗或其他动物的破坏，具体情况取决于你居住的地点。

用不了多久就会有丽蝇（一种食腐蝇）飞来，开始在腐肉上产卵。你可能看到的昆虫包括食腐蝇类（早期），葬甲（中期），还有隐翅虫（末期）。用笔记本记录不同昆虫的类型和到达时间。

照片从上到下：丽蝇、麻蝇、葬甲、隐翅虫。

池塘

池塘里的水一般比溪流水要温暖，而温度较高的水氧气含量则比较低。池塘里的昆虫更喜欢到处游动，因为它们不用担心溪流里那样的湍急水流。这些昆虫身上往往具备特殊的结构或有独特的行为，来帮助它们获取氧气。

下面是一些你可能在湖泊或池塘边上找到的昆虫。池塘里还能够找到蝎蝽、负子蝽和蜻蜓稚虫（可以在第 58~61 页学习更多有关它们的内容）。

龙虱

龙虱是很好的采集和观察对象，它们是游泳健将，能够用后足像桨一样地在水里划动。龙虱在潜水时会把气泡储存在翅膀下面，这团气泡能够像氧气瓶一样帮助龙虱在水下呼吸。下一次回到水面的时候，龙虱会换一团新气泡。

仰蝽

这种池塘里的昆虫得名于它们独特的脸朝上的游泳姿势！与龙虱一样，它们的后足也是桨状游泳足，可以快速地游动。如果你在它们潜水时仔细观察腹面，会发现一团被细毛包裹的亮晶晶银色泡泡。

这团泡泡的功能和龙虱的气泡一样，也是用来让仰蝽在水下呼吸的。这些昆虫以其他水生昆虫为食。它们会用刺吸式口器将猎物的汁液吸得一干二净。抓仰蝽的时候一定要小心……它们会咬人的！

水黾

水黾能够轻功水上漂，你肯定想知道它们是怎么做到的吧？水的表面是有强大的张力的，而水黾利用这种张力将自己托在水面上。仔细观察水面上的水黾，会发现它的足周围有一圈小小的凹陷。水黾移动时，会用自己的足推动水面，像滑冰一样在水面上行动。

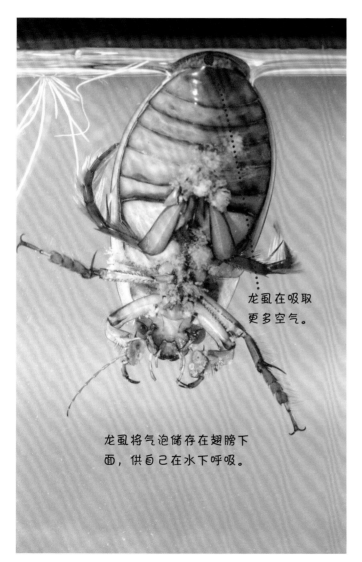

龙虱在吸取更多空气。

龙虱将气泡储存在翅膀下面，供自己在水下呼吸。

虫虫夏令营 实验室

下沉的水黾

你有没有注意到过，把水倒进杯子里后，水面会微微高于杯缘？表面张力是这种现象发生的背后原理。

一小滴肥皂水就能够改变这种张力。将水黾放到一盆水里，观察它是怎么在水面上活动的。注意水面凹陷的地方，以及它是用哪条腿推动自己。假如往水面上滴一滴肥皂水会怎样呢？千万记得在水黾溺水之前要救它！

豉甲

豉甲是一种能在水面上转圈跑的甲虫。它们这种回旋的习性也是豉甲所在科（豉甲科Gyrinidae）名字的来源。

豉甲有四只眼睛！它们的复眼被上下分割成了两半，一半看水上，另一半看水下。豉甲是捕食性的昆虫，能够用捕捉前足抓住猎物。

化学移动

还记得肥皂水对水面张力的影响吗？豉甲可能就是用这种方式来游泳的。用下面的实验来了解这种原理吧。

你需要：

10 厘米 ×10 厘米的锡纸
别针或者缝衣针
洗涤灵
小桶

怎么做？

1 用手心的形状将锡纸做成一个小碗。

2 用曲别针在碗底的一边戳一个小洞。

3 桶里装满水，小心地将小碗放在水面上。在碗底的洞里滴一小滴洗涤灵。发生了什么现象？为什么？

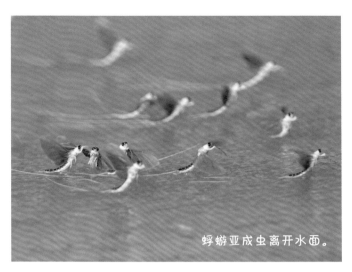

蜉蝣亚成虫离开水面。

亚成虫离开水面后会飞到安全的地方躲起来，在那里继续蜕一层皮，变成成虫。成虫的生命按小时计算，它们不会进食，也没有口器。蜉蝣仅在一年中特定的几天里离开水羽化。同时离开水的策略有助于寻找配偶，也降低了被捕食的概率。

蜉蝣

溪流

溪流是很好的采集环境，这里的昆虫和其他生境中的昆虫差异很大。仔细找找，会发现蜉蝣稚虫、石蝇、石蛾和齿蛉。

蜉蝣稚虫

石蝇稚虫

蜉蝣

你可能会在一小块地方找到许多聚集在一起的蜉蝣。蜉蝣仅在稚虫期才会进食，有的物种是捕食性昆虫，而其他则是滤食性或吃藻类。有的物种前足为开掘式，能够在溪流底部挖掘。蜉蝣非常与众不同，因为它们在转变为成虫之前还要经历一次有翅的亚成虫期。

石蝇

石蝇的稚虫和蜉蝣稚虫非常相似，但是石蝇的尾部有两条尾须，足端部有两爪，并且胸部也有气管鳃。有的石蝇又被称为"碎纸机"，它们对于溪流源头水质非常重要，因为这些小虫子能够将大片的树叶分解拆碎，供其他生物食用。

石蛾

石蛾幼虫一般呈 "C" 字形，腹部端部有一对单钩。与石蝇和蜉蝣不同的是，它们会经历蛹期，然后才羽化成为成虫。石蛾在水下化蛹！

有的石蛾是自由生活的捕食者，而有些则会用嘴里的丝腺分泌出丝制作一个巢。它们的巢上可能会有过滤食物的丝网。

还有的石蛾会用小溪里找到的东西做巢。有的石蛾用沙砾，有的用小鹅卵石，也有一些会用小木棍或者碎叶片。这些石蛾随身携带自己的巢，巢保护它们不受捕食者的伤害，也减少了被溪水冲走的危机。

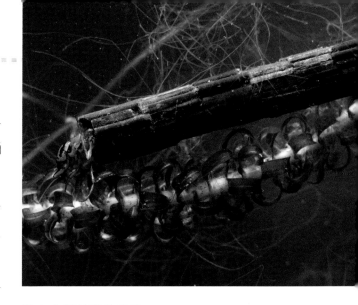

用小木棍做巢的石蛾。

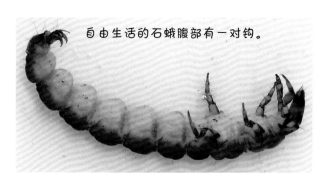

自由生活的石蛾腹部有一对钩。

织网石蛾的腹部有气管鳃。

观察石蛾做巢

石蛾做巢的过程非常有趣，有的人还会借助石蛾用金粒和银粒做自制珠宝！

你需要
带巢的石蛾幼虫
采集于石蛾采集地的水和植物材料
小水族箱
过滤泵
小碗

实验步骤

1 把石蛾从水族箱里拿出来，放到小碗里，小心地用指尖剥掉石蛾的巢。

2 将石蛾移回水族箱里，把巢材放在它附近。需要多长时间石蛾幼虫才会开始做新巢呢？

	蜉 蝣 蜉蝣目	石 蝇 襀翅目	石 蛾 毛翅目
"尾"数	3（两根尾须和一根中尾丝）	2（尾须）	单钩
爪	足端部有一个爪	足端部两爪	足端部一爪
气管鳃	腹部	胸部	腹部

左至右：石蛾蛹、去掉巢的石蛾幼虫、有沙砾巢的石蛾幼虫。

3 重复第一步，再次将石蛾放回水族箱，这次不要给它原始材料，试着给点别的东西——小粒种子、小木棍或者叶片、小亮片，这些它都会接受吗？你的实验结果取决于你所采集的石蛾种类，以及它在野外所选用的材料类型。

健康的**溪流**

科学家会在溪流里寻找蜉蝣、石蝇、石蛾和齿蛉的幼体，靠它们来了解溪流的生态系统。这些昆虫在受污染的、含氧量异常的和酸碱度不正常的水体中不能很好地生存。

爬沙虫

齿蛉的幼虫外号叫爬沙虫。它们的身体和上颚的大小非常惊人。这些凶猛的捕食者以水生昆虫为食，它们的腹部两侧各有一排肉质的鳃，腹部端部有两对钩。这种古老的昆虫体长能够达到7.5厘米！你是不是很庆幸自己不是蜉蝣或石蝇呢？有些齿蛉物种的成年雄虫有巨大的上颚，用来与竞争对手比拼。

植物

不同的植物上都可以找到许许多多的昆虫：禾本植物上、开花的叶子植物上、花园里的蔬菜和观赏花卉上、灌木丛里还有大树上都有昆虫。一棵橡树上的昆虫可能和菜园里的昆虫差别很大。这两类植物上都有自己的特定群落。一个群落包含了所有居住在那里的生物，你可以把它想象成一个可大可小的邻里家庭。

举例来说，在一棵树上你可以找到以树木为食的昆虫（植食者）、吃残羹剩饭的昆虫（分解者），还有以其他昆虫为食的昆虫（捕食者）。你还能找到那些寄生其他昆虫的昆虫（寄生者），还有一些只是来这棵树上休息或者取暖的昆虫。

上图：住在树缝里的瓢虫。

居住在植物上

你觉得住在植物上的生活是怎样的呢？你会吃什么？住在哪儿？有没有可以躲避天敌的地方？住在植物上的昆虫有各种各样的诀窍应对这些危机。

避风塘

居住在植物上的昆虫需要寻找躲避捕食者和寄生虫的地方，还需要躲避日晒和风吹。与住在池塘和溪流还有落叶里的昆虫不同，这些住在植物上的昆虫是暴露在空气中和太阳下的。对于它们来说，脱水是很可能面对的危机。如果第一

上图：沫蝉泡沫巢；下图：瘿蜂和幼虫。

眼看上去没有在植物上找到昆虫，那么想一下，什么地方可以让这些小家伙躲避风吹日晒呢？举例来说，你可以找找叶子背面或树枝底下。

有的昆虫会自己制造躲避处，它们卷起叶子、织网或者收集一些废料。沫蝉的若虫会用泡沫做躲避，它们从腹部的气孔吹出空气，与自己分泌的植物汁液混合后……就形成了你看到的泡沫！

其他昆虫则直接居住在植物组织里。举例来说，瘿蜂会在橡树的叶子和枝条里产卵。卵孵化后，幼虫开始取食，它所在的这一小片植物组织会受到刺激变成虫瘿，这是一种由植物组织形成的保护外壳。幼虫成年离开虫瘿后，其他昆虫和节肢动物有时候会搬进来住！

食物

吃植物的食性叫作植食性，因此吃植物的动物叫作植食动物。植食动物有以下几类：

有的昆虫是专食性的：它们只吃一类植物。举例来说，在西俄勒冈州的高地草原上，雌性芬氏灰蝶会把卵产在一种紫花的金凯羽扇豆上，孵化的毛毛虫就仅以这种开花植物为食。

有的昆虫仅以一类亲缘关系很近的植物为食，称为窄食性，举例来说，黑脉金斑蝶就以马利筋为食。

其他的昆虫是广食性昆虫，可以吃许多种类的

植物，大部分的蝗虫、蟋蟀和螽斯都是广食性昆虫。

许多雌性昆虫都会直接将卵产在幼虫或稚虫会吃的植物上，你还能在这些植物上找到蛹。

蝴蝶卵

与植物的防御机制作斗争

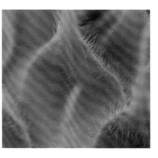

植物也会自我保护！许多植物使用毒素抵抗植食性动物的啃咬。其他则采用刺、硬毛、倒钩和蜡质保护层等结构保护自己。有的植物甚至能够散发出吸引捕食者和寄生者的气味来对抗那些吃它们的植食性昆虫。

蚂蚁和植物

蚂蚁非常喜欢搬运种子，甚至栽种种子！有些植物的种子会有一层能够吸引蚂蚁的果皮。蚂蚁把这些种子带回去，果皮喂给幼虫，剩下的种子就会长成植物。

给蚂蚁吃的果皮

许多植物靠蚂蚁进行防御！有些植物长有中空的茎，或者长有角，蚂蚁可以用这些结构作为庇护所。其他植物会为蚂蚁提供额外的奖励，但是这些奖励长在植物上，而不是长在果肉上。居住在植物上的蚂蚁为了这些庇护和食物会帮助植物防御植食者的伤害，甚至会抵抗大型的植食动物。

虫虫夏令营 小活动

仔细观察户外植物的叶片，检查它们的边缘、正面和反面。你能不能看出是否有昆虫曾经在这些叶子上取食呢？

咀嚼类的昆虫使用它们的上颚嚼碎叶片和其他植物组织。如果在叶子上发现了这样的啃咬痕迹，肇事者可能是直翅目昆虫、竹节虫、毛毛虫、甲虫或者膜翅目昆虫。

在叶子中间或四周寻找啃咬的痕迹。

潜叶类的昆虫在叶子里面吃饭，它们专吃那些表层和底层之间的植物细胞。如果你举起被潜叶的叶片仔细观察，有时候能在潜叶道里看见排泄物（也就是昆虫的便便！）。潜叶的痕迹一般是鞘翅目、双翅目、鳞翅目或者膜翅目（叶蜂）昆虫留下的。

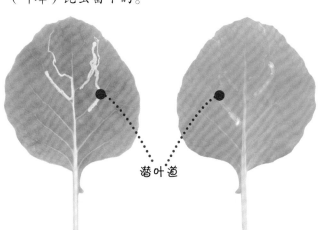

潜叶道

用刺吸式口器吸取植物汁液。

吸汁类的昆虫会用自己的刺吸式口器插入植物的表皮下（你知道植物体内有一种和我们的血管一样能够运输物质的结构吗？这种结构叫作维管）。刺吸式口器造成的伤害与潜叶和咀嚼类相比较不容易观察到，许多半翅目昆虫都是这样进食的。

叶子和树枝上还能找到虫瘿。虫瘿是瘿蜂、蚜虫或者蓟马造成的。

虫瘿有大有小。

科学的运用

植物会使用化学武器抵御毛毛虫的攻击。研究人员发现，植物在被毛毛虫啃食过后，会分泌更多的化学物质。这真的很有趣——植物居然会对毛毛虫的啃咬做出反应，然后进行防御。

思考一下：假如有动物或者人接近你，你怎么才能感知到呢？你可以听，可以闻，还可以看。两位叫作海蒂和雷克斯的研究者发现，当毛毛虫咀嚼植物时，会产生振动波，这些研究人员想知道植物如果不被咀嚼，只是接收到振动波的话会不会也分泌这些化学物质。

雷克斯·克罗夫特和海蒂·阿比尔用和毛毛虫咀嚼时同样的方式摇晃一片叶子，轻微的晃动导致植物的其他叶子开启防御机制。他们在许多植物上都重复了这项实验，证明了植物会对毛毛虫咀嚼的振动做出反应。不过研究者依旧不知道为什么植物能够感受到振动，也许当你阅读这本书的时候他们能够搞明白吧。

了。食粪甲虫的样子多种多样，形状各异，色彩也十分丰富。有的是鲜艳的红色、绿色或者金色，并且往往都有大大的角用来打斗。这些甲虫会吃各种各样的粪便，但最喜欢的还是植食动物的粪便。有的食粪甲虫仅见于某种特定动物的粪便里。

虽然粪便里也含有一些未消化的食物，但食粪甲虫所食用的很可能是粪便汁液里生活的许许多多微生物。食粪甲虫的口器甚至特化到能够吮吸这些美味的——当然是对它们来说美味——汁液。食粪甲虫还会用粪便养育后代。共有三种类型的食粪甲虫存在，是由它们在粪堆里的行为差异来分类的。

从人类的角度来看粪便是挺让人恶心的，但对于许多动物来说，粪便是高热量的食物来源，许多昆虫都将动物的粪便作为自己甚至后代的食物。如果没有食粪的昆虫存在，大家都会被埋在膝盖那么深的便便里！以粪便为食的昆虫会面对两个大问题：首先，便便并不总是那么容易找到；另外一点是，粪便很快就会变干，能够吃的时间不是很长。这两种问题的存在意味着想要吃新鲜的便便也会面对不小的竞争。

想要寻找昆虫，便便上是个好地方。农场里鸡棚下的粪便里就会有不少昆虫。牛舍里的一摊牛粪下面也会有很多。在粪便中，你可能会找到蝇类的成虫和幼虫、皮蠹还有食粪甲虫（译者：一般包含蜣金龟、蜣螂和粪金龟）的成虫及幼虫。别忘了要戴着手套去探索这些生境啊！

食粪甲虫可能是你能在粪便里找到的最好看的昆虫

第一类：滞留型

滞留型的食粪甲虫在粪堆上取食，并且会把卵产在粪堆里。幼虫在粪堆里长大，并且在粪便干燥后还能继续进食。其他两类食粪甲虫需要新鲜湿润的粪便，它们会把粪便埋在土里保湿。

还会共同合作，在主穴道两侧挖掘育幼室。它们用新鲜粪便填满这些小屋子，然后雌性再在里面产卵。雄性会站在通道的入口防止其他雄性甲虫、捕食者和寄生虫偷偷溜进去。负责防御的雄性长有特化的角，是战斗的武器。

测试甲虫的力气

雄性食粪甲虫非常的强壮，可以把对手从穴道的入口推走。有一种食粪甲虫是世界上已知最强壮的动物，因为它能够拉动身体1000倍重的东西！

你需要
甲虫或其他昆虫
25厘米长的牙线
中间带沟槽的木板，要比
甲虫宽 1.5 倍

小塑料杯
钓具上的小重物
图钉
手秤

实验步骤

1 在甲虫胸腹相接的地方系上一段牙线，牙线一头要留长一点，拖在甲虫身后。

2 用图钉在塑料杯沿下扎个小洞，把牙线长端穿过小洞系好，这样杯子和甲虫就连在一起了。

3 把木板放在桌上，一端悬在桌外，沟槽朝上。把甲虫放进沟槽里，头朝桌子里面，杯子顺着沟槽一路垂挂到桌面下。往杯子里加不同重量的物品，看看甲虫能拖动多重的东西。测量甲虫和杯子的重量。假如与甲虫按照比例进行比较，你需要提起多重的东西才能与其抗衡呢？

第二类：滚球型

滚粪球的食粪甲虫会把小团的粪便滚成球，然后把粪球推到远离粪堆的地方。滚出来的粪球分两类，一种是直接用来吃的，雌雄甲虫都会做这种粪球；另一种是用来养育后代的，叫作育幼粪球，只有雄性会做这种粪球，用来吸引雌性进行交配。

一旦雌雄甲虫配对成功，它们会一起把粪球推离粪堆，埋在柔软的土壤里。然后它们会交配，之后雌性将卵产在粪球里。对于有的食粪甲虫物种，雌性会留下来继续照顾后代，而雄性则跑走去找另一个粪堆、另一个相亲对象。滚球型的食粪甲虫头部呈铲状，利于铲粪球，并且前足也为开掘足，能够挖坑埋粪。

你可以思考一下，为什么滚粪球的蜣螂会把粪球推到远离粪堆的地方呢？因为有时候别的甲虫会跟它们对着干，试图抢走粪球！

第三类：掘穴型

掘穴型的食粪甲虫会一路向下往粪堆里钻洞，一直钻到地面为止。由于洞穴正好处在粪便下方，幼虫总能有新鲜的食物吃。雌雄甲虫

一起来
饲养昆虫

　　静下心来观察昆虫是一项非常神奇的自然活动。许多昆虫即使在室内饲养，它们的行为也与在自然界中没有两样。大部分昆虫在你提供合适的食物、温度和水的情况下都能顺利在室内存活。在下面的内容中，我们将会介绍一些很适合在家庭实验室中饲养的昆虫。

雌性蟋蟀，注意它的腹部有产卵器

蟋蟀

　　蟋蟀是很容易饲养的小动物，你只需要鞋盒子那么大的小笼子或者塑料盒就可以养它们。如果用笼子的话，要选网眼密一点的铁丝笼（蟋蟀可以咬破塑料膜，刚孵化的小蟋蟀也可以从大网眼里越狱）。还要检查一下隆起边缘有没有破损。顶上能够打开的容器最合适不过。

　　翻开倒木、木板和石头都有可能找到蟋蟀。成年的蟋蟀长有覆翅。蟋蟀的雌雄很好区分，雌性的腹部端部有一根缝衣针一样的尖锐产卵器。

　　如果你既找到了雄性又找到了雌性，可以把它们放在一起，看看会发生什么。雄性会发出清脆的声音，不同种类的声音都不一样。仔细观察它们是怎么用翅膀发出这些声音的。雄性蟋蟀独处时会奏起响亮的召唤曲，而当它们和雌性接近时，则唱一首较为安静的求偶曲。如果有别的雄性蟋蟀接近，它则会发出尖锐而具有侵略性的声音。你能听到几种歌声呢？

雄性蟋蟀

蟋蟀歌声
节律实验

蟋蟀是夜行性的动物，所以它们的活动时间基本都在晚上。蟋蟀和其他夜行动物的活动时间可以调整，因此白天也能活动，你甚至能够让它们在大白天唱歌。

要想调整蟋蟀的时间节律，你需要一个能定时调节灯光的屋子或者饲养箱。你可以在五金店或者日用品店里买一个灯光计时器，简单设定为白天灭灯，而晚上开灯。

每天白天的长度被称为光周期，会随着季节和纬度的变化而改变。为了模拟夏日的时间，你需要让灯开着的时间长于关闭的时间。如果你身在20° ~ 40°的纬度，那差不多需要14小时的亮灯期和10小时的灭灯期。由于大部分的昆虫都不能看到红光，你可以仅仅打开红光进行观察，而蟋蟀还会以为天依旧黑着呢！

你可以给蟋蟀喂小块的苹果、胡萝卜、生菜还有一点点干狗粮或者猫粮。如果你的笼子里有土或沙子，剩下的食物可能会发霉，一定要每天扔掉霉变的食物，换上新的。

笼子里放一个小玻璃盒，里面盛上5厘米厚的沙子，就能够观察到雌性蟋蟀产卵。每过几天就把盒子拿出来看看，注意玻璃容器边缘有没有新产下的卵。保持沙子潮湿，几周之后就会有超级小的蟋蟀孵化出来！蟋蟀是渐变态的昆虫，因此初生的小蟋蟀看起来就像成虫的微缩版。它们和成虫吃一样的食物。

湿沙子里的蟋蟀卵

一起来饲养昆虫

乳草突角长蝽

　　长蝽科的昆虫很容易采集，也很容易饲养。每当夏天和早秋，你可以在马利筋上找到这类昆虫。马利筋也叫乳草，得名于切断植株时会流出的白色液体。这种液体是有毒的，所以千万不要把吃它的虫子或者植物的任何部分放到嘴里，另外接触过后也别忘了洗手。你知不知道为什么居住在马利筋上的昆虫大部分都有鲜艳的红色、橙色和黑色花纹呢？

　　长蝽以马利筋的种子为食，所以它们总是趴在种荚上。采集和饲养长蝽的最好方法是用宽口玻璃瓶，去掉瓶盖，覆盖上一块布或者塑料膜，再用橡皮筋箍起来即可。在罐子里放上棍子、马利筋或者面巾纸，长蝽就有地方爬也有地方躲了。你可以给它们喂葵花籽（生的或者没加盐的）、西瓜籽、南瓜籽或者杏仁。随时清理垃圾和剩果，每天还要用小喷雾器给罐里喷点水。

　　长蝽的若虫从卵里孵化后，看起来就和没有翅膀的成虫差不多，它们经历几次蜕皮后就会成年。在成为成虫之前的一龄，你可以看到它们身上小小的翅芽。

蝴蝶

　　你能够说出蝴蝶一生各个阶段的名字吗？蝴蝶生活史的开端始于雌性产下的卵，卵一般产在毛毛虫将要吃的植物上（找长蝽的时候你也许还能看见黑脉金斑蝶的幼虫，因为它们也吃马利筋）。毛毛虫要想长大就需要多次蜕皮，等到它变得足够大以后，就会蜕变成蛹或者茧。之后成虫会从蛹里羽化出来。所有的蝴蝶都会经历类似的生命过程：卵、幼虫、蛹、成虫。这种生活史的发育方式称为完全变态。拥有完全变态发育方式的幼虫和成虫吃不同的食物，居住在不同的生境。幼虫和成虫都有独特的特化功能及特征，帮助它们完成不同的工作。毛毛虫的工作是不停地进食，避免被捕食者发现和吃掉；成虫

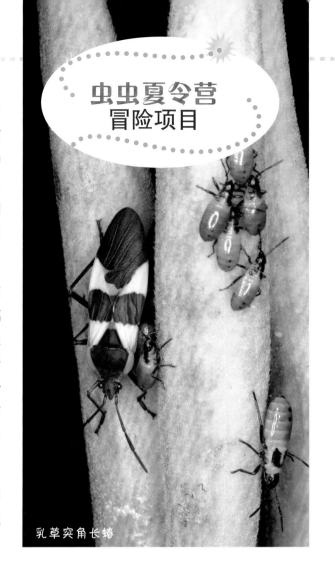

虫虫夏令营
冒险项目

乳草突角长蝽

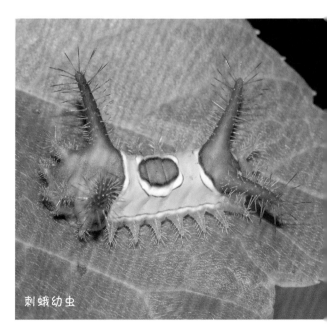

刺蛾幼虫

的工作是满天飞、繁殖，并且找到新的栖息地。在家里你就可以观察到神奇的完全变态过程，你只需要一个好点的笼子，还有虫子们的食物（好的笼子要方便开关、清洁，里面还要加上便于毛毛虫攀爬和进食的辅助物）。

如果你在野外找到正在进食的毛毛虫，可以把虫子和一些它吃的植物一起采集回来。抓毛毛虫的时候一定要小心，因为有的毛毛虫身上长着刺毛，可能会对皮肤产生刺激性。毛毛虫的食量非常大，你可能会需要再去采集地的那棵植物上每天采集一些叶子才行（或者从同类的另一棵植物上采集）。如果你在花园里找到一些毛毛虫，采叶子之前一定要征得花园主人的同意！

毛毛虫准备蜕皮前会停止进食，并且不再活动。之后它们会开始蜕皮，把旧皮蜕下来堆在屁股后面。当它们的体形变得足够庞大，准备开始化蛹时，也会停止进食，并且开始进入"游荡"模式，在笼子里转着圈地跑。在这个阶段它们会排出一些水分，所以最好在笼子底下加一些纸巾吸水。

凤蝶的
生活史

灯蛾幼虫　　黑脉金斑蝶幼虫蜕皮化蛹的过程

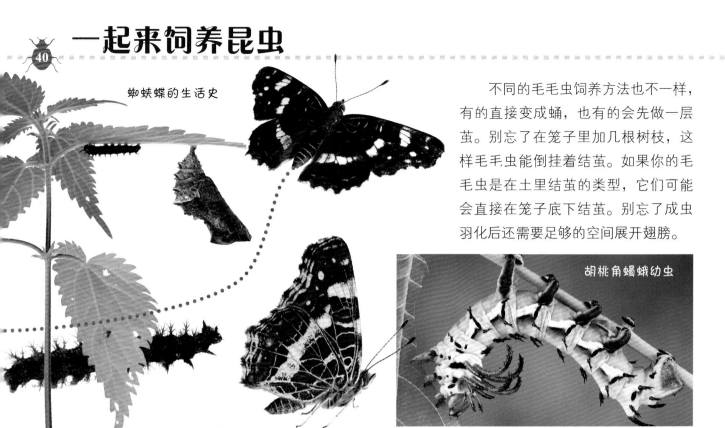

蜘蛱蝶的生活史

胡桃角蠋蛾幼虫

不同的毛毛虫饲养方法也不一样，有的直接变成蛹，也有的会先做一层茧。别忘了在笼子里加几根树枝，这样毛毛虫能倒挂着结茧。如果你的毛毛虫是在土里结茧的类型，它们可能会直接在笼子底下结茧。别忘了成虫羽化后还需要足够的空间展开翅膀。

虫虫夏令营
实验室

测量毛毛虫
生长速度

毛毛虫是活的进食机器。它们一天到晚在做的唯一一件事似乎就是：吃，吃，再多吃一点！每天在本子里记录一下毛毛虫的长度和重量。由于毛毛虫的身体柔软可伸缩，最好测量一些硬的部分，比如头部的宽度。假如你捡到了它们蜕下来的皮，可以直接用手机里的数字显微镜测量头壳的宽度。别忘了在同样的距离上拍照，并且在画面中放一把尺子。

如果你有一个灵敏的度量秤，可以测量一下毛毛虫消化食物的速度。每天要测量以下几项数据：毛毛虫的重量、每天剩下食物的重量、每天添加新鲜食物的重量，以及粪便的重量。在本子上记录好这些数据，下面有一个可供参考的表格。你可能会觉得毛毛虫增长的重量应该和吃下去的重量减去便便的重量相等，你猜得对吗？如果结果对不上你觉得会是什么原因呢？

	第一天	第二天	第三天
毛毛虫的重量			
剩余食物的重量			
新鲜食物的重量			
笼底粪便的重量			

子子通过呼吸管呼吸

蚊子

其实有很大的可能性，你的房子里已经养着蚊子了。蚊子的幼期居住在水里，任何一小摊水都可以成为它们的温床。看看树洞里、小鸟洗澡池里，或者自家附近的任何一个小水坑和池塘里有没有蚊子幼虫（子子）吧。

你可以在户外放一小盆水，这就是简单的蚊子生境了（黑色的容器效果最好）。如果你在水里加点碎叶子，再加点兔粮、鱼粮或者豚鼠粮，蚊子攻占水盆的速度会更快一些。雌性蚊子很快就会在水面上或者水面附近产下卵，一定要和家长商量一下，因为他们可能不希望家里长蚊子的！

刚孵化的幼虫有着大大的脑袋和胸部，看起来和有翅膀的成虫完全不一样。你可以带一些幼虫和它住着的水到家里，养在水族箱或者塑料盒里。一定要确保你的饲养容器有个不露缝的盖子，以防羽化后

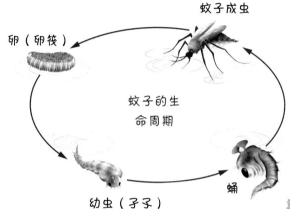

蚊子的生命周期

卵（卵筏）
蚊子成虫
蛹
幼虫（子子）

的成虫越狱。

幼虫靠腹部端部一个称为呼吸管的气管从水面吸取空气，搅和搅和水，观察它们是怎么游泳的。你觉得它们为什么叫子子呢？多观察一会吧。

接下来会发生什么？

观察幼虫口器上刷子一样的结构，这个结构可以帮助它们进食藻类。子子边吃边长大，几次蜕皮后体形变得大多了。等到体形足够大的时候，子子开始化蛹。蛹也需要到水面上呼吸，但是它们用的是胸部的两个角状呼吸管。你可以观察到成虫在蛹内渐渐成形，成虫破皮而出，离开水面，开始飞行。

在这个阶段，雌雄蚊子会交配，雌性在产卵前吸血为食，因此只有雌性蚊子会咬人！蚊子的成虫和幼虫差异非常大，幼虫适应了水中的生活并以藻类为生，而成虫则适应了空中飞行的生活，吸血为生，还需要完成繁殖大业。

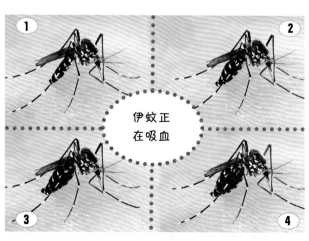

1
2
伊蚊正在吸血
3
4

41

采集昆虫

幸运的是昆虫在我们身边到处都是，因此也很容易找到，采集和观察起来也很方便。下面是一些采集和寻找昆虫的好地点和小技巧，玩得开心！

用手采集

最简单的采集方法当然是用手采集，然后放到罐子里。透明的容器很方便近距离地观察昆虫。你永远不知道会不会有令人眼前一亮的虫子突然出现，所以最好随身携带一些小容器。

要想抓住昆虫，一手拿住罐子，一手拿住盖子，慢慢接近你要抓的昆虫，直接把虫子关在罐子里盖上盖。一定要确保在盖住盖子的时候不要夹住虫子的腿和翅膀。手捕昆虫的绝佳位置是花朵上，去最近的花坛看看能发现什么！

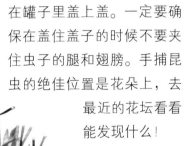

不停挥动扫网可以抓到
很多有趣的昆虫

网

采集昆虫的网有很多类型。

捕网是用很轻的纱网制作的，这样网的重量不会对昆虫的身体造成损伤。捕网适合捕捉蝴蝶这样飞行的昆虫。

使用捕网的方式是挥动网子将虫子套进网里。每次挥动结束时转一下网子，这样虫子就被困在网里无法逃脱了。要想把挥网转网的动作做得流畅，需要经常练习。

由于许多飞行的昆虫会向上飞行，这是一种逃脱的本能，因此另一种捕捉的方法是捏住网底，移到虫子身上，然后扣下去。一般虫子都会飞到网子最上端，或者直接爬上去。

扫网是捕捉高草地和灌丛里昆虫的绝佳工具。由于这种网需要能够经受树篱、尖锐树枝、小棍和锐利草叶的刮擦戳碰，所使用的布料要比捕网厚实得多。

扫网的使用方法非常简单，只需要一边蹚过草地和灌丛一边在腿前面左右挥动网子就可以了。挥扫的动作会把植物上的虫子震到网子里。与使用捕网一样，最后要转动一下网子封口，以防虫子逃掉。

用抬网捕捉水生昆虫

抄网很容易使用

抬网和抄网可以用来捕捉居住在水里或者水边的昆虫。捕捉溪流里的昆虫时，将抬网的开口对着溪水的上游沉进水里，用脚踢扫网前面的石头。流动的水会将附近的水生昆虫冲进网子里。

采集池塘和湖泊岸边水草里的昆虫时，可以用抄网将它们扫到网里。如果你没有这两种网，厨房里的过滤筛也可以——不过拿回厨房之前一定要洗干净！

陷阱

昆虫学家会使用好几种类型的陷阱捕捉昆虫。

*杯诱*适合捕捉地上爬的昆虫，而且很容易制作。你只需要把一个空杯子埋在地里，让杯口与地面齐平。在杯子上面用木头、塑料或者石头之类的材料做个小顶篷，以防雨水进去。为了增加抓到虫子的概率，你可以放一些诱饵进去，比如花生酱、粪便、猫粮或者其他味道比较大的东西。你还可以在杯子上面加个漏斗，以防飞行的昆虫逃走。

可以在杯子里再套一个杯子，方便拿取和检查陷阱里的昆虫。

*灯诱*捕捉夜间飞行的昆虫是很有趣的活动。如果你曾经注意过昆虫被晚上屋外的廊灯吸引的现象，那说明你已经知道灯诱的工作原理了。吸引昆虫最好的光源是黑光，黑光会发出能够吸引昆虫过来的紫外线，这就是为什么杀虫灯会使用黑光！

最好在你的廊灯或者黑光灯前面放一张白色床单，床单会把光线的面积扩大，更方便观察和捕捉飞上来的昆虫。用这种方法可以捕捉蚁蛉、蛾子和甲虫。如果把灯诱设备放在水源附近，就可以吸引到蜉蝣、石蝇、石蛾和齿蛉。

伯利斯漏斗

这种漏斗可以用来采集小型的昆虫和其他躲在土壤和落叶堆里的小动物。使用伯利斯漏斗前，把一小块铁丝网塞在漏斗底部，然后抓一把潮湿的土和落叶放在漏斗里，接着将漏斗放在装满酒精的罐子上。

45

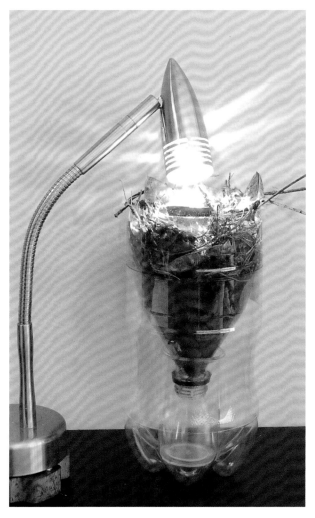

注意环保！你可以用大饮料瓶来做成佰利斯漏斗。

转移到罐子里

用网子或者陷阱抓到虫子后该怎么办？把它们转移到罐子里！

转移网里的虫子时，抓住网封闭的一端提起来，这样虫子会爬到最上面。用一只手捏住网中央，把虫子困在网里。然后用另一只手拿着没有盖子的罐子伸进网里，让虫子沿着网落进罐子里，盖上盖。

转移灯诱布或者杯诱里的虫子，打开罐子放在虫子下面，用另一只手拿着盖子把虫子扫进罐子里。

将漏斗放在窗户边或者灯下，太阳和灯泡产生的热量烤干了落叶，里面的小动物会使劲往下爬，直到穿过漏斗底下的网子掉进罐子里。

吸虫管

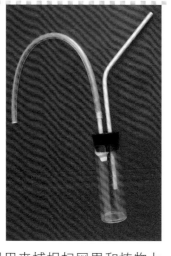

吸虫管是利用吸力捕捉小型昆虫的有趣工具。它的结构很简单，就是把两根管子插进瓶塞与一个小瓶子相连，用嘴吸其中一根管子，这样虫子就会被吸进瓶子里。吸虫管制作好后，可以用来捕捉扫网里和植物上非常细小的昆虫。吸虫管的英文名叫作 Pooter，你肯定想知道为什么叫这个名字，它是根据一位叫作 Frederick Poos 的昆虫学家命名的。

使用吸虫管时，将吸管放在嘴里，另一端靠近昆虫，使劲吸一下虫子就会进小瓶啦！和朋友来场比赛吧，看看谁能用吸虫管抓到最多的昆虫。由于你是用嘴来吸虫子，所以要注意不要把奇怪的东西吸进肺里，因此千万不要用吸虫管吸粪便或尸体上的昆虫。有的昆虫学家会在吸虫管的吸头上安装电子气泵。

虫虫夏令营
探险项目

制作一个吸虫管！

你需要

塑料小瓶

有两个洞（直径 5MM）的胶皮塞子

两根 10CM 长的塑料管或者两根可弯曲的吸管

防水记号笔

2.5CM 长宽的细网或布料

皮筋或者胶带

25CM 长的橡胶管，可选

怎么做

1 首先要检查你的塞子和小瓶是不是配套，塑料管或者吸管能不能插进橡胶塞上的小洞。

2 把橡胶塞取下，然后把两根管子都插进去大约 5 厘米，塞吸管进去可能需要一点技巧。

3 选其中一根吸管作为吸头，在端部用记号笔标记一下。另一根管子做另一种标记。

4 吸头在瓶子里的一端盖上布料，用橡皮筋或者胶带固定住。一定要注意：这一步千万得做好，布料的作用是过滤网，不然虫子会被吸进嘴里的！

5 把塞子塞回瓶子里，开始吸虫子吧！

采集昆虫

敲击法

昆虫爱好者和研究人员在采集居住在大灌木或者树枝上的昆虫时会使用敲击法。你可以用任何白色的托盘或者布面作为接虫工具。拿一根棍子用力敲击树枝，虫子会掉到你的托盘里。现在就可以用吸虫管采集里面的昆虫了。

笔记本

科学家会将他们收集到的信息和观察记录（数据）都记录到笔记本上，或者录入电脑里。当你在户外研究昆虫时，便携的笔记本是随时记录采集地点、标本信息的便利工具。每当你采集到一个标本，最好记录下以下几种信息：

1 采集昆虫的地点

2 采集昆虫的日期

3 采集人的姓名

另外还有一些信息也可以写进笔记本里，比如天气情况、采集的方法、昆虫的速写草图，还有你采集时昆虫正在做的事情。

上图：有时候你需要敲击灌木丛来抓到昆虫。

虫虫夏令营
安全事项

● 一定要把你出行的时间和地点告诉家人或者朋友。

● 如果采集水生昆虫，穿一双鞋底结实的防水鞋。千万不要在水流很快且水深没过膝盖的溪水里抓虫子。

● 如果从动物尸体或者粪便上采集昆虫，一定要戴手套，抓完后别忘了洗手。

● 在马路附近抓虫子时一定要注意来往车辆。

昆虫

标本

你去过自然历史博物馆吗？博物馆是观看不同类型动植物的好去处。你在博物馆里看到过什么？狮子和老虎？鳄或者鲸？对于游客来说，博物馆除了是有趣的体验场所之外，还有一个重要的科学功能。博物馆里充满了有关各种生物是何时、何地、如何发现的，以及它们究竟是什么的详细数据。这些信息有助于科学家了解在世界上的哪些地方可以发现动物。经年累月地追踪这些细节可以让科学家们了解我们的世界是如何慢慢改变的。

除了上面提到的大型动物，大多数博物馆还会有昆虫或者其他小型动物藏品。你自己也可以制作并收藏昆虫标本藏品，但首先需要学习如何保存昆虫、怎样给它们贴标签以及怎样保养标本，从而使其具有科学价值。

处死昆虫

观察活的昆虫是一件很有意思的事情，但是要收集昆虫标本，就需要先处死并保存它们。在开始之前，你最好先了解一下当地分布了什么物种，以防采集到任何可能濒临灭绝或受威胁的物种。此外，如果可以的话，尽量采集雄性昆虫而不是雌性，这样你对当地的昆虫影响会小一些。在同一个昆虫类群中，并不是所有的雄性和雌性看起来都不一样，但是在有些类群当中雄性和雌性很容易区分，因为雌性的身体末端有产卵器。

毒瓶

毒瓶是处死昆虫的一种方法。你可以在自然用品商店和网上购物店找到它们。在成年人的帮助下往棉球里加入少量药物，它会快速杀死昆虫。卸甲油（丙酮）也可以当毒瓶里的毒剂用。

昆虫标本

如果你用的是丙酮，尽量不要用太多，因为液体丙酮可能会沾到虫子身上使它们褪色。使用毒瓶时，迅速打开，把虫子放进去，在它们逃跑之前盖好盖子。用大头针开始插制标本之前要确保昆虫已经死透了，因此最好让它们在毒瓶里过个夜。

注意安全：绝对不要去闻毒瓶里的气体！找个成年人帮忙将毒瓶放到安全的地方，以防更小的小孩子误把它当成玩具来玩。

冷冻

冷冻是另一种处死昆虫的方法。把昆虫放进厨房的冰箱里，当昆虫被冻住，它们的活动能力也逐步下降，因为它们的体温和环境温度会保持一致。有些昆虫可以忍受寒冷，所以在插制之前确保它们已经死了！让它们完全解冻后再开始插制。

针插和固定标本

很多大型成虫很适合制作针插标本。一些身体柔软的昆虫则最好是保存在装有酒精的小瓶中，例如蜉蝣和白蚁。插制时昆虫还是新鲜未干的状态。一旦它们干燥了，就会变脆而容易破碎。昆虫学家用特殊的针制作昆虫标本。不同型号的针对应不同型号的昆虫。大部分的标本都可以用1号或2号昆虫针制作。

虫虫夏令营
小贴士

做好的标本最好也附带上采集信息。可以用一小条胶带当作临时标签，写上时间、地点和采集人信息。

插针

　　插制标本的第一步就是要确定针插的位置。看看图中用红点标出的地方。注意针是从胸部插入的，大部分情况下是在中线的右侧。通常来讲，针从中线的旁边插入是因为插针会损坏动物的一小部分结构，而随后鉴定标本时很可能会需要那一小部分。由于昆虫的左右两部分是对称的，你可以通过查看另一半来了解插针的位置缺失的是什么结构！

不同昆虫的插针位置

蜜蜂、胡蜂和蝇：中线右侧，前翅中间

甲虫：右鞘翅的左上角

蝴蝶和蛾：见 P52~53

蜻蜓：中线右侧的前翅基部

蝗虫和蟋蟀：前胸的中线右侧

蝽：三角形小盾片的右上角

蜜蜂、胡蜂和蝇

甲虫

蜻蜓

蝗虫和蟋蟀

蝽

蝴蝶和蛾

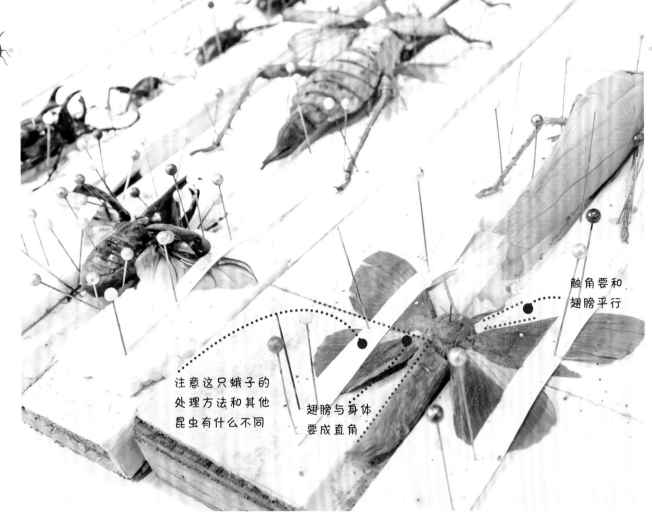

触角要和
翅膀平行

注意这只蛾子的
处理方法和其他
昆虫有什么不同

翅膀与身体
要成直角

插针的时候，用大拇指和食指捏住针。用另一只手将针从昆虫的上面插入正确的位置。使针和昆虫的身体保持相对垂直。一旦将针摆放垂直，就可以将它插到底。

然后，你需要将昆虫推到针上合适的高度上。为了完成这一步，昆虫学家会使用三级台，这样可以让采集到的所有的昆虫都在针上的同一高度。在自然商店和网上可以买到三级台，或者你可以自己亲手做一个。把插针点对准三级台的第一个（最深的）洞，将针穿过昆虫，直到针尖碰到洞的底部。如果你的昆虫很厚，可能需要将针拔出来一截，这样才能捏着针将昆虫拿起来。

用硬纸板或泡沫板来给腿和翅整姿。把针插入硬纸板或者泡沫板，直到昆虫刚好停留在纸板表面。现在再拿一些针来固定腿和翅膀的位置。

蝴蝶和蛾子的待遇与其他大多数昆虫略有不同。首先，针插在它们的胸部中间，而不是右侧。其次，它们的翅需要使用展翅板固定。要制作蝴蝶或蛾子的标本，把针插入展翅板的凹槽，使昆虫的腹部夹在凹槽中间。挪动翅膀使前翅的内缘与昆虫的身体呈直角。剪一些小纸条盖在翅膀上（见图）。将针插在纸条上来固定翅。千万小心别把针插到翅上！最后，调整触角，让它们和翅的前缘平行。

昆虫的保存

一旦把昆虫固定成你想要的样子，就需要进行保藏了。这一步很简单，因为昆虫自己的特质就可以完成所有工序，毕竟昆虫拥有几丁质组成的外骨骼，非常结实，能经历时间的摧残，你需要做的就是让它保持干燥。干燥的时间取决于湿度和昆虫的大小，可能需要几天到一周的时间。一旦昆虫干燥，任何微小的碰撞或接触都会导致腿、翅和触角受损。拿取昆虫时一定要格外小心，捏着针拿取，这样昆虫能完好地保藏很多年。

制作标签

收藏家会给昆虫附上与其采集和鉴定的信息一致的标签，这些信息用很小的字体打印或手写在纸上，插在昆虫标本下边。使用坚韧的白卡纸做标签。每个标签的大小在 15mm×7mm。

第一个标签

采集点的详细信息要放在第一个标签上。这些信息包括国家、省、县、经纬度、采集日期和采集者姓名。使用此格式来显示日期、月份和年份（月份用罗马数字表示）: 2016.X（10月）.10。缩写"采"代表采集人。

> 美国: 佛罗里达州，阿拉楚阿县
> 盖恩斯维尔 29.654N 82.325W
> 2016. X. 10 采: JE. Lloyd

你可以选择多种方式展示自己的昆虫标本收藏

**虫虫夏令营
冒险项目**

有趣的三级台制作

　　找一块 80mm×40mm×20mm 大小的木块制作自己的三级台。让成年人帮你在木块上钻三个分别深 25mm、18mm 和 12mm 的洞，洞的直径为 1.6mm。用防水笔标记 1、2 和 3。最深的洞（1 号）用来定位昆虫；中间的洞（2 号）是定位昆虫下面针上第一个标签用的；最浅的洞（3 号）用来定位第二个标签。

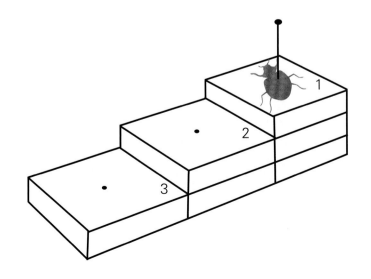

你可能需要对这些信息进行一番整理才能让它们整齐排列在标签上。按照阅读时从昆虫头部到胸部的方向放置标签，这样标签底边就在昆虫的左侧。将针穿透标签中央。把针尖对准第二个洞口并插到底部。如果你有一只很厚的昆虫，要格外小心，你肯定不想把标签推到上面弄坏昆虫。

第二个标签

鉴定信息放在第二个标签上。如果你能鉴定出昆虫，那么最好把它的分类阶元写上，能到具体的种类最好不过。第二个标签上还可以记录采集信息或栖息地的说明，以及鉴定人。缩写"鉴"代表鉴定人。

> 直翅目：螽斯科
>
> *Amblycorypha alexanderi*
>
> 寄主植物：*Smilax* 鉴：TJ. Walker

相信你现在已经准备好将最后一个标签添加到针上了。按照和采集标签相同的方向放置鉴定标签，将针穿透标签中央，把针尖对准三级台的第三个洞口并插到底。完工！现在你有了一个兼具艺术性与科学性的标本。

昆虫的储藏

昆虫可以储藏在各种各样的盒子和柜子里，从鞋盒到玻璃盖的木箱都行。容器里最好垫一层泡沫，可以用针把昆虫固定在上面。

你收藏的昆虫可以保存很多年。然而，最重要的事之一是要注意其他的昆虫。皮蠹会啃食死虫，会对你的藏品造成破坏！家中的藏品里可放上樟脑球防虫。为了防止樟脑球滚来滚去损坏标本，找成年人帮忙将金属针的尖部加热，然后再插入樟脑球进行固定。操作时用钳子夹住针以免烫伤手指。每隔几个月要换一次樟脑球。

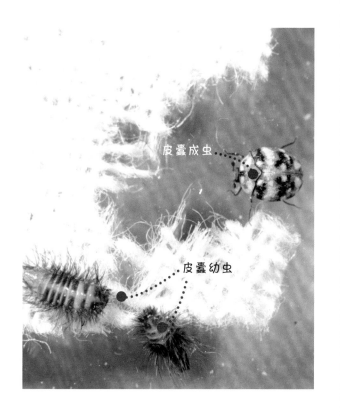

皮蠹成虫

皮蠹幼虫

捕食者

吃植物、花粉和花蜜的昆虫都很有趣，但捕食性的昆虫觅食时的场景才是最酷的，它们为了捕食猎物所演化出来的特质令人难以置信。只要你观察一会儿，就会很高兴它们只有这么小。想象一下如果昆虫和一只大狗的体形差不多该多吓人啊！

蚁狮乐园

这只蚁狮幼虫住在沙坑里，以吃蚂蚁为生。

你见过屋檐下或者桥下的干沙地里奇怪的小漏斗吗？那些是蚁狮挖的坑。每个坑的底部都住着一个有着又大又尖锐的颚的饥饿幼虫。

蚁狮坑是完美的陷阱。当一只蚂蚁掉进坑里时，蚁狮会往它身上扔沙子，把蚂蚁撞下来，落到等待的大颚上。

你可以捕捉一些蚁狮，尝试把它们带回家观察。

虫虫夏令营冒险项目

捕捉蚁狮

你需要
蚁狮
塑料或金属勺
采集瓶
约 7.5cm 深的小塑料桶
沙子

怎么做

1 找到一个有很多蚁狮坑的地方。

2 用勺子迅速舀起蚁狮坑的底部。

3 将勺子里的沙子放在滤网中，轻轻摇动筛出沙子。

蚁狮就住在软土或沙地里这样的小坑中。

4 蚁狮具有保护色，筛到滤网底部可能较难辨认。找到蚁狮后，将它们装进小瓶里。

5 把蚁狮带回家后，你就可以开心地观察它们挖坑和捕食了。把蚁狮放在沙子上边，看看会发生什么。蚁狮可能会立刻钻进沙子里。它是如何钻的呢？蚁狮准备好挖坑之前可能会需要一点时间。把你观察到的记录下来。蚁狮是怎么扔沙子的呢？它用身体的什么部位扔沙子？

饲养蚁狮

蚁狮像蝴蝶一样，是完全变态的昆虫。你可以在装着沙子的容器里饲养蚁狮幼虫。大概每天给蚁狮喂一只蚂蚁。（当它们准备进食的时候，就会出现在坑底。）时不时地，你会发现蚁狮幼虫不吃东西，这是它们准备蜕皮的时候。如果从老龄幼虫开始饲养，你可以将它们一直养到化蛹。

如果幼虫很久没有进食，用滤网筛一筛沙子，你会发现一些小沙球。这是蚁狮幼虫用分泌的丝将周围的沙子粘在一起，创造出一个安全的化蛹场所。

蚁狮成虫的翅膀和蜻蜓的很像。

当成虫从蛹中出来以后，它们需要挂在棍子上伸展并晾干翅膀。

蚁狮幼虫

57

蝎蝽和脚趾杀手

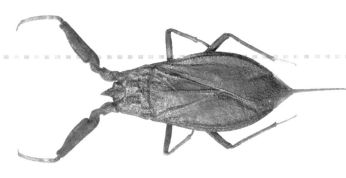

要说池塘里最凶猛的昆虫，蝎蝽和大田鳖肯定能排得上号。它们的前足都适合抓取猎物，它们都有刺吸式口器，用来吸食受害者的体液。大田鳖有时候被称为"脚趾杀手"，因为如果有人踩到它们，它们就会咬人。

蝎蝽和"脚趾杀手"的若虫与成虫都生活在水中。区分它们很容易：蝎蝽的腹部末端有一根长长的呼吸管，它们能用这个结构在水中呼吸，作用就像浮潜装备一样。另一个不同之处在于蝎蝽是通过行走的方式来移动的，而大田鳖则用后足划水。

蝎蝽的腹部有一根长长的呼吸管，能够在水下呼吸。

这只大田鳖是巨型的水生蝽类，它会用强有力的后足游泳，用前足捕捉猎物。

左下图：螳蝎蝽的刺吸式口器清晰可见。

右下图：大田鳖使用刺吸式口器吸取鱼类的汁液。

饲养蝎蝽和大田鳖

你需要

小鱼缸或塑料容器

小桶或其他防水容器

采集地的植物和水

食物（活的昆虫）

钳子或镊子

怎么做

1 用抄网在池塘或者湖边的植物周围捕捉蝎蝽或大田鳖。

2 水桶或其他容器里装入池塘水或湖水。加入一些水边发现的植物的茎。

3 把蝎蝽或大田鳖放入装有三分之一水的鱼缸中。加入一些植物的茎。

4 人工喂养：每隔几天用钳子或镊子把几只昆虫放入水中。把猎物放在它们面前。邀请你的朋友和家人一同欣赏狩猎的乐趣。

注意：小心你放在鱼缸里的东西，因为这些虫子可以捕捉蝌蚪、青蛙，甚至小鱼。如果你采集的是成年大田鳖，一定要给你的鱼缸加上盖子，这样它们就飞不出来了。

虫虫夏令营 实验室

蝎蝽和"脚趾杀手"可以在水下待多久？一些水生昆虫可以通过鳃呼吸水中的氧气，它们可以在水下生活一辈子。其他水生昆虫则必须返回水面呼吸。

带上计时器、笔记本和笔到野外去。观察任何返回水面呼吸的水生昆虫。蝎蝽、仰蝽、划蝽和蚊子幼虫都是不错的观察对象。看看它们能在水下待多久。

较大体形的昆虫能在水下停留更长时间吗？快速游动的"脚趾杀手"能比游动缓慢的蝎蝽在水下停留更久吗？

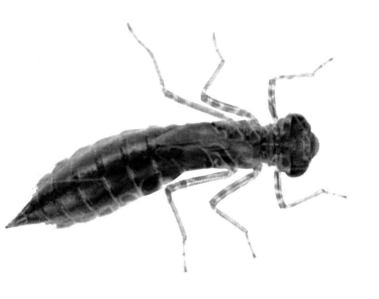

仔细观察这只豆娘的稚虫，能看到它的上颚和下唇。它的腹部还有三片叶状的鳃片，蜻蜓的稚虫就没有这个特征。

水中蛟龙

在池塘和湖泊中还能采集到别的贪婪捕食者，那就是蜻蜓稚虫。这些捕食者有特殊的口器来捕捉猎物。还记得咀嚼式口器吗？（见第9页）蜻蜓稚虫（水虿）的下唇是液压式的，平时藏在头部下边。当它看到猎物并准备攻击时，会挤压腹部，迫使"血液"流入下唇。较高的血压使下唇向前伸展并从稚虫的前方射出，协助其用齿抓住猎物。水虿用下唇咬住猎物，用上颚咀嚼。

蜻蜓成虫生活在陆地上，在空中飞行，水虿则是完全水生的。它们在水中生活，在水中呼吸，它们的鳃长在屁股里！仔细观察，你可以看到水

水虿用下唇抓住了小鱼。

蜻蜓的稚虫是完全水生的。

水虿要转变为成虫时，会爬出水面并蜕皮。

虿将水抽进腹部再排出来。它们可以利用这个抽水的动作来移动。就像挤压腹部产生压力来移动它们的口器一样，水虿也可以利用这个压力将水从屁股里排出来，以喷射水流的方式游泳。

当它们准备变为成虫时，水虿会爬出水面蜕皮。刚出来的成虫有着柔软的外骨骼和折叠的翅膀。蜕皮后，成虫必须挂在枝条上，身体将血液注入翅膀，新的外骨骼也会慢慢变硬。

蜻蜓稚虫

蜻蜓成虫

授粉者

没有授粉者就没有花

有时候，风会替植物传播花粉，但大多数开花植物都需要其他的帮手。鸟类、哺乳动物和昆虫等传播花粉的动物伙伴被称为授粉者。给花授粉的动物，包括昆虫好像都有一副好心肠。你觉得它们为什么要这样做呢？

昆虫拜访花朵来吃花蜜和花粉。植物用艳丽的花瓣、芬芳的香气和甜蜜的花蜜来吸引授粉者。有些社会性昆虫会把这些食物带回它们的巢穴，这样其他成员也可以吃到。花粉就像粉末状的灰尘——会附着在任何接触到它的东西上。

这只蜜蜂身上沾满了花粉

昆虫取食或采集花蜜和花粉的时候，会有更多的花粉沾到身上。昆虫和其他的授粉者会将花粉从一朵花传到另一朵花，它们也没别的选择！

水果和坚果

你最喜欢的水果是什么？你喜欢蓝莓、苹果还是西瓜？坚果呢，喜欢榛子、胡桃还是杏仁？蓝莓是果实，胡桃和杏仁则是种子。那巧克力呢？巧克力是由可可豆制成的，而可可豆是种子。

水果从哪儿来？植物通过花和果实来繁殖，从而产生更多的植物。

右图是花朵的图画，可以通过它认识花的每个部分。

首先，授粉——这一过程是将花粉从花的花药转移到柱头。你能在插图中找到花药和柱头吗？最好能试着在真的花上找到这些结构。当一粒花粉到达一朵花的黏性柱头上时，会发生令人吃惊的事。它会形成一根很小很小的管子，一直向下延伸到子房里的胚珠中。

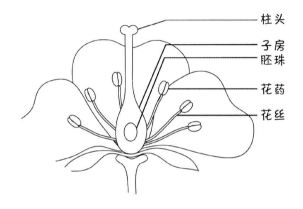

柱头
子房
胚珠
花药
花丝

花粉将两个细胞送入管子中。这一步是受精的开始：一个细胞使胚珠中的一个卵细胞受精，这将成为一株新的植物。另一个细胞沿着管子向下移动，在种子里帮助新生的植物制造食物。

既然你了解了授粉过程，我们就可以再聊聊巧克力了。你知道可可的授粉者是一种叫作蠓的小飞虫吗？

授粉者与植物

你能说出哪些授粉者？想一下。

蜜蜂

蜜蜂的足上有花粉篮

熊蜂

也许你要说蜜蜂，农民用蜜蜂给农作物授粉。然而，蜜蜂并不是唯一能给植物授粉的蜂类。例如，仅仅在北美就有超过4000种的其他蜂类，其中有很多都会为植物授粉。

大部分蜂类都毛茸茸的，它们胸部、腹部或是腿上的毛会吸附花粉。有的蜜蜂腿部或腹部的刚毛呈篮子状。蜂类的体形和颜色真的是五花八门！

一些科学家专门研究植物与授粉昆虫的对应关系，其他科学家则研究人类行为如何影响昆虫授粉者，比如农业种植和园艺栽培。举例来说，蝴蝶园吸引的授粉者和菜园不同。你认为是为什么？

这只小小的蜜蜂在给南瓜授粉。

不同的颜色和气味吸引不同的授粉者

　　你最喜爱的花是什么？紫罗兰？木兰？向日葵？这些花有什么不同？你能说出一种通常是红色或者橙色的花吗？你能说出一种香气很浓郁的花吗？我们可以通过花的颜色、形状和气味来预测给植物授粉的昆虫种类。

● 蜂类通常给黄色、蓝色或紫色的有着浓郁甜味的花授粉。除了你能看到的颜色外，这些花上有的还有紫外线图案。蜂类可以看到紫外线和橙色之间的颜色，但不能看到红色。

● 蝴蝶通常给鲜红色或橙色的有着浓郁香气的花授粉。它们用复眼来看明亮的颜色，但是味觉感受器却长在它们的脚上！蝴蝶用长长的口器从花中吸取花蜜。

● 大部分的蛾子会在夜间给浅色有最强烈气味的花授粉，夜晚也是大部分蛾子活跃的时刻。

● 甲虫通常给大大的浅色有着强烈气味的花授粉。

● 苍蝇经常给颜色较单调的花授粉，像茶色或棕色的花，而且这些花的味道一般不太好闻。比如有的花可能闻起来像腐肉的味道。

虫虫夏令营 实验室

观察授粉者

任何科学研究的第一步就是观察。在你的笔记本里做张数据表记录观察到的信息。

日期 / 时间	花的颜色	授粉者	我观察到的
5月3日 上午11点	黄色	蜜蜂	花粉在足上
5月4日 上午9点	紫色	熊蜂 红色小甲虫	嗡嗡声很大

找一株开花植物或一小块花坛，观察并写下哪种昆虫访问了哪类花朵。要记住，常见的昆虫授粉者是蜂类、甲虫、苍蝇、蝴蝶和蛾子。如果你在美洲，也可能会看到蜂鸟，这取决于所在的位置和季节。

假如在识别昆虫时遇到困难，可以阅读第12～21页，回顾不同类群的重要特征。也可以准备一本昆虫鉴定书以及放大镜或显微镜之类的工具作为辅助。

授粉者有喜爱的颜色吗

你观察到了什么？黄色花上你最常见到哪种昆虫？红色的花呢？如果在黄色的花上只看到蜂类，你可能会忍不住说黄颜色会吸引蜂类。然而，这些花朵可能还具备一些特质真正吸引着蜂类，比如气味！让我们做个实验，看看哪种颜色只靠色彩本身就可以吸引昆虫授粉者。

蜜蜂是否只喜欢黄色的花呢？做个实验吧。

你需要

12 个形状大小相同的塑料碗，具有四种不同的颜色（每种 3 个）

洗洁精

怎么做

1 将碗分组，组里要包含每种颜色的碗各一个。

2 再分两组一样的碗，把它们放在不同的地方。你觉得这么做的意义是什么？

3 每个碗里倒半碗水，再加几滴洗洁精。

4 几小时内或第二天检查一下你的碗。确保所有的碗都是同一时间放到外面的。

5 现在你可以开始鉴定每个碗里的昆虫了！制作一张观察结果的数据表，表的内容参照右侧的格式。

6 查看你记录的数据。你觉得怎么样？昆虫只是被颜色吸引吗？如果你在水中加一勺糖代替洗洁精来重复这个实验，会发生什么？

日期	碗的位置	碗的颜色	采集的昆虫
5 月 3 日	房子边的草地	白色	甲虫 甲虫 蜂
5 月 3 日	后门走廊	白色	小蛾子 甲虫

共生

　　我们在前文中提到的一些物种还会与其他物种共同生活。例如，蚂蚁保护蚜虫、角蝉和一些毛毛虫免受捕食者的伤害。冬天来临的时候，有些蚂蚁甚至会将蚜虫的卵转移到自己的巢中来保护它们。而当春天到来，蚂蚁会将小蚜虫带回到寄主植物上。你觉得蚂蚁为什么会做这些事情呢？蚂蚁和其他昆虫的这种关系被称为共生。共生指的是两个或两个以上的物种紧密地生活在一起。来了解下面一些不同的共生关系类型。

互利共生

　　你见没见过蚂蚁被一些甜食或甜汁所吸引，比如地上打翻的汽水？蚜虫或角蝉等昆虫的口器像细小的针管，它们用口器刺穿植物，以含糖的汁液为食。和其他动物一样，昆虫也会排泄废物：它们会小便。因为蚜虫和角蝉以含糖的汁液为食，它们的排泄物也是非常甜的，昆虫学家称之为蜜露。蚂蚁会通过放牧蚜虫来收集蜜露——就像人类饲养奶牛来获得牛奶一样。当蚂蚁准备采集蜜露的时候，它会用触角拍打蚜虫或角蝉。蚂蚁和蚜虫之间的关系对双方都有好处，所以称为互利共生。蚂蚁获得蜜露，蚜虫免受捕食者的伤害。互利共生现象发生在各种生物之间。

　　你吃过无花果吗？无花果看起来像水果，但其实是由许多小花聚集而成的。隐藏在植物内部的花是如何被授粉的呢？无花果的花有一种能吸引雌性榕小蜂的气味。榕小蜂从无花果表面的小洞爬到无花果的内部。小洞太紧身了！所以当它们挤进去的时候，翅膀会蜕掉。钻进去的雌蜂会把从自己原先长大的无花果中带来的花粉传给这一颗无花果。雌蜂会在一些花内产卵，卵孵化出来后，幼虫以植物组织为食，然后长大变为成虫交配。之后，新成年的雌蜂会出去寻找其他无花果产卵。在这种互利共生的关系中，无花果得到了授粉机会，榕小蜂则可以给后代提供住所和食物。

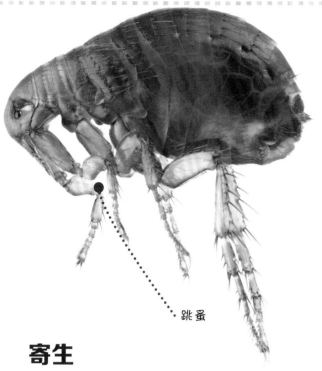

跳蚤

寄生

　　不是所有的共生关系对参与者都有好处。寄生对一方有利，但是对另一方则不利。雌性蚊子、虱子和跳蚤是以寄主动物为食的昆虫，这对寄主来说不是好事。你还能想到哪些寄生虫？

头虱

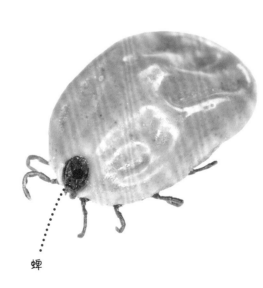

蜱

哇，三方合作

　　白蚁以木头为食。木头是地球上最坚硬的材料之一。白蚁无法仅靠自身消化木头，它们的肠道内生活着一类叫作原生动物的单细胞动物。原生动物能分解木头，但它也需要别人的帮助。原生动物体内有细菌，这种细菌会产生一种酶来分解木质素和纤维素。这种互利共生有三个参与者：原生动物在白蚁体内，细菌在原生动物体内！

另外一种拟寄生生物是被称为"蝉杀手"的泥蜂幼虫。这种非常大的蜂看起来挺吓人的，但雌性泥蜂并不会对你产生兴趣。它们以花蜜为食，为养育幼虫捕捉蝉类。一只雌性泥蜂在地上挖了一个内部有几个房间的洞，找到一只可能是它体重的三倍的蝉，将其麻醉并带回地洞里的一个房间，然后在上面产卵。卵孵化后，幼虫会吃掉被麻醉的蝉。

拟寄生

有些寄生生物会杀死它们的寄主。这种寄生生物被称为拟寄生生物。很多蜂类都是拟寄生生物，它们在其他昆虫还活着的时候将卵产到这些昆虫身上或体内。当卵孵化后，蜂类的幼虫以寄主昆虫为食并将其杀死。

有一种拟寄生蜂会将卵产在天蛾幼虫体内，你能在番茄植株上找到它们。如果幼虫身上覆盖着白色的蜂茧，你就能判断出它是否被寄生了。

"蝉杀手"泥蜂

有的蝇类也是拟寄生生物。事实上，有一整个科的蝇类都是蟋蟀、螽斯、蝽以及许多其他种类昆虫的寄生者。这一类的蝇为了寻找寄主，演化出了强大的寻找寄主的能力，它们能够截取寄主之间交流时发出的声音或气味。下面这只蝇就能通过气味找到半翅目的寄主。

被寄生蜂寄生的天蛾幼虫

寄蝇

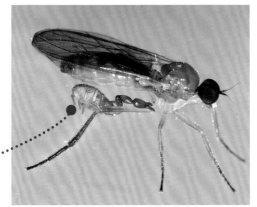

这只伪蝎正在蝇身上搭便车。

共栖

有些共生关系被称为共栖。这种相互关系对一方有利，但是对另一方来说不好也不坏。昆虫共栖的一个常见例子就是"搭便车"。一些微小的无脊椎动物不会飞，但它们需要食物。花螨和伪蝎就属于微小而不会飞的无脊椎动物，它们搭飞行昆虫的便车。这种搭车行为不会对昆虫造成伤害，但是对于搭车者来说就很方便了。

科学进行时

热带雨林中，成千上万的行军蚁组成浩荡的队伍寻找其他昆虫为食。行军蚁总是成群行动，而且它们活动得很频繁，行军的时候甚至带着蚁后和宝宝一起。当行军蚁行动时，沿路的很多昆虫、蜘蛛还有其他无脊椎动物都会四散而逃。这就像当你走过一片田野时惊得昆虫四散开来一样，只不过昆虫的数量要比那多得多。

在中美洲和南美洲，一些鸟类会跟随行军蚁一起闯荡森林。这些鸟类专门以试图逃离蚂蚁大军的昆虫为食。事实上，一些种类的鸟绝大部分食物都是通过追随行军蚁获得的。

长时间以来，许多科学家认为这种共生现象是共栖——对鸟类有利，对蚂蚁无害。然而，一些科学家最近发现，当行军蚁被鸟类跟随时，它们收集到的食物会减少。从这项研究来看，这种关系似乎是寄生关系。这是另一个很酷的科学改变我们认知，或者应该叫我们自以为的认知的例子。

昆虫隐身术

昆虫个子很小，是很多动物的猎物，也难怪昆虫会演化出这么多厉害的适应性来保护自己免受捕食者的伤害了。

伪装

想要不被吃掉，最好的方法之一就是藏起来。有些昆虫藏在岩石或木头下。有些昆虫在地里挖洞。其他昆虫通过自我伪装躲藏在开放的环境中。这些昆虫会融入环境，使自己看起来像环境的一部分。

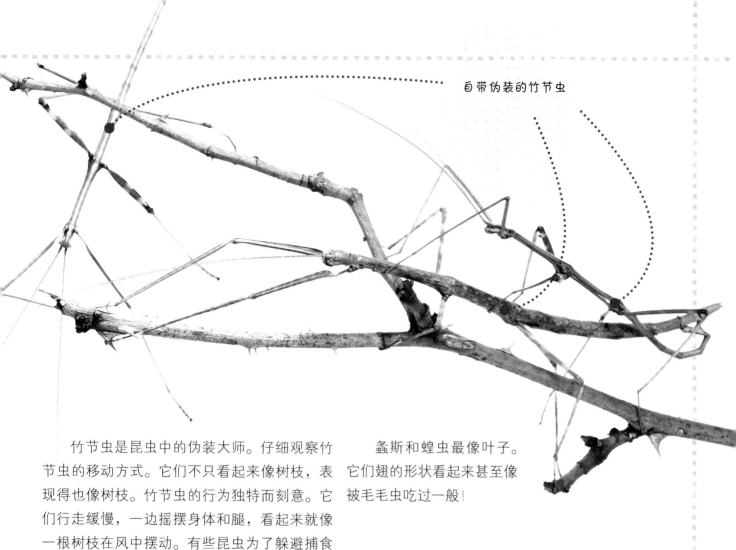

自带伪装的竹节虫

竹节虫是昆虫中的伪装大师。仔细观察竹节虫的移动方式。它们不只看起来像树枝，表现得也像树枝。竹节虫的行为独特而刻意。它们行走缓慢，一边摇摆身体和腿，看起来就像一根树枝在风中摆动。有些昆虫为了躲避捕食者，外表看起来就很像树叶。

螽斯和蝗虫最像叶子。它们翅的形状看起来甚至像被毛毛虫吃过一般！

很多螽斯和蝗虫用树叶作伪装。如果你去采集这些昆虫，你认为你要花多长时间才能发现其中的一种？

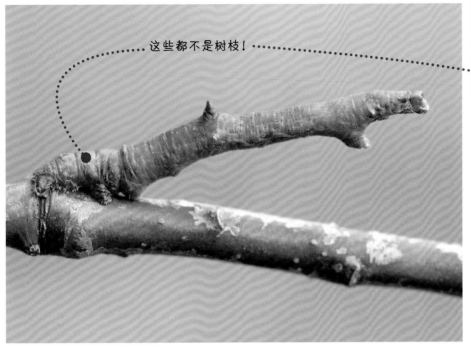

这些都不是树枝！

虫虫夏令营
小贴士

很多带有伪装的昆虫到了晚上会变得活跃，很容易被发现。小朋友可以用头灯在植物枝头寻找这些昆虫。

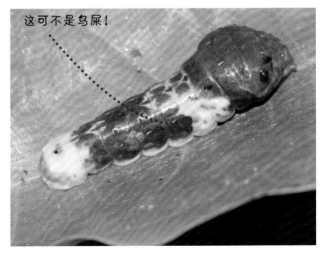

这可不是鸟屎！

一些昆虫看起来像树枝（上排两图），或者树皮（下排左图），甚至像鸟屎（下排右图）。

黑脉金斑蝶的成虫和幼虫都靠身上鲜明的色彩警示天敌，告诉它们自己是有毒的。

警戒色

有些昆虫根本不躲藏。事实上，它们的色彩鲜艳亮丽，而且很容易就被看到。想想你每天看到的路标。黄色、红色、橙色和黑色是交通警告通用的色彩，这些色彩在昆虫和其他动物也通用，它们仿佛在说："停，别吃我！"

你有没有想过为什么黑脉金斑蝶或一些蜂类如此亮丽？它们的颜色是在告诉其他动物，自己吃起来味道很差，甚至会对捕食者造成伤害。许多鸟类啄食黑脉金斑蝶时，都会因为这种蝴蝶血液中的有毒物质而生病。这些有毒物质从何而来？记住，黑脉金斑蝶的幼虫吃的是马利筋，而马利筋的汁液是有毒的。幼虫将这些有毒物质添加到自己的血液里。它们明亮的颜色警告捕食者自己的毒性，这可以保护自己不被吃掉。

拟态

一些昆虫用鲜艳的颜色把自己隐藏在那些有毒有害的昆虫中间！这些模仿者的行为被称为拟态。许多甲虫、蝇和蛾子看起来和胡蜂、蜜蜂之类的蜂很像，因此鸟类不会吃掉它们。你该怎么区分它们呢？不要被骗了。只要看看它们的口器、触角和翅膀，你就能很容易地分辨哪些昆虫是蜂，哪些昆虫是模仿者。

这是熊蜂还是假扮的蛾呢？触角出卖了它的身份。

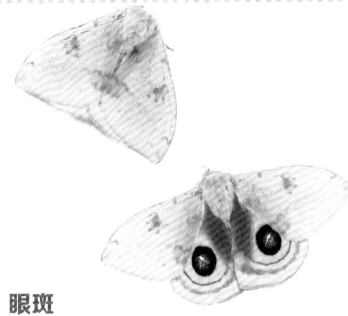

眼斑

你有没有觉得奇怪，为什么有些昆虫的翅上长着眼睛？这当然不是真正的眼睛，昆虫也不会用它们来看东西。如果你碰巧发现一只有眼斑的昆虫，比如上面的大蚕蛾，它的眼斑很可能藏在前翅下边。

你可以假装自己是捕食者，试着用手指像鸟喙一样啄大蚕蛾，它就会张开翅膀露出下面的眼

看看图上这两只蚜蝇。一只看起来像胡蜂（上图），另一只看起来像蜜蜂（下图）。如果仔细观察，你会发现它们其实就是蝇，因为这些虫子只有一对翅和短短的触角，而胡蜂和蜜蜂则有两对翅和膝状的触角。

眼斑能够迷惑和吓唬捕食者。

斑。眼斑可能会吓到你，自然也会吓到鸟，这可以帮蛾子保住性命。

当鸟类和其他捕食者攻击昆虫时，经常会瞄准它们的头部。眼斑也因此可以对蛾子起到保护作用，因为鸟类会抓住它们的翅而不是头部。虽然翅可能会被撕破，但是蛾子却有了逃脱的机会。

黑暗中的昆虫

很多昆虫都是夜行性的，只有在太阳下山以后才会活动。大晚上出门收集昆虫可能有点吓人，但是一旦走到户外，你一定会为晚上出现的这么多种类、这么大数量的昆虫感到惊讶无比。你也一定会注意到晚上看到的昆虫与白天有多么的不同。这些昆虫很容易找到：只需要用手电或头灯在植物周围搜索一番，一定会有所收获。

甲虫

夜晚到来，有许多出没的昆虫会自己制造光源。其中最为壮观的光是由萤火虫产生的。通常情况下，雄性寻找配偶的时候会一边飞一边发出闪光，每个萤火虫物种都有自己的光线密码。栖息在地面或植被上的雌性则也会用闪光回应同类的雄性。当雄性飞向雌性的时候，你看到一对光闪来闪去。它们马上就要交配啦。

萤火虫的婚配过程并不总是那么顺利而浪漫。有些萤火虫物种的雌性是模仿者。它们会回应其他物种雄性的光信号，引诱它们靠近自己。然后，吃掉它们！

为什么萤火虫属于甲虫呢？仔细观察它们的前翅，这里就有着证据。它们飞行时这对翅膀是什么姿势呢？

第三类甲虫，光萤，也会发光。这类虫子的雌性不长翅，它们化蛹之后看起来依然很像幼虫，但成年的雄性却有翅和大大的触角。在这个类群中，雄性会在飞行的过程中通过气味寻找雌性。雌性光萤在受到干扰时会蜷成一团并发光，警告捕食者它们的味道并不好。

有的叩甲在寻找配偶时也会发光，你可以在它们头部后面的那一个体节（前胸）找到成对的发光器。

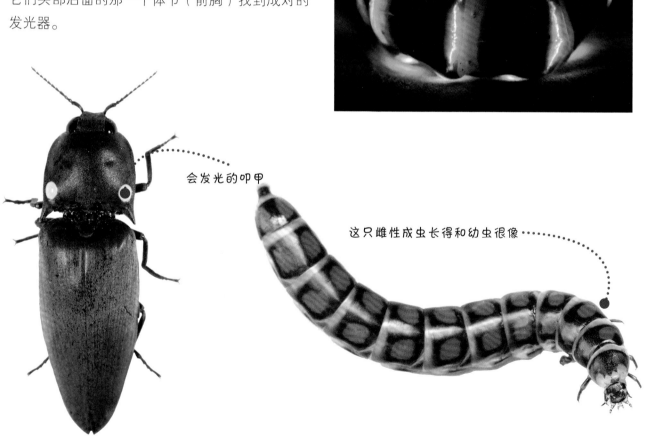
光萤的雌虫进入了防御姿势。

会发光的叩甲

这只雌性成虫长得和幼虫很像

虫虫夏令营
冒险项目

萤火虫好玩吗

我们可以用很多种方法观察萤火虫并与它们互动，下面是一些好点子：

● 调查一下附近生活的萤火虫的发光密码。如果你能弄清它们发光的模式，就可以用 LED 灯复制这些密码来吸引附近的雄性萤火虫。可能需要花点时间练习，因为必须把握好时机。由于每个物种都各自有独特的一套密码，在一个地方观察到的发光模式可能与在另一个地方的模式差别很大。

● 捉一些萤火虫。你可以在它们靠近腹部末端的位置找到发光器。

● 你可能会发现，每年的某些时候，地面上会出现很多亮光。循光而去，能够找到萤火虫的幼虫。幼虫的外表和行为与成虫相差很大。它们生活在土里，以其他昆虫、蜗牛和蚯蚓为食。

雄性萤火虫会受到发光 LED 灯的吸引。

萤火虫幼虫

新西兰洞穴中生活的蕈蚊所分泌的发光黏液网。

蕈蚊

　　一些昆虫会用它们发出的光来吸引猎物。有些蕈蚊的幼虫会发光，它们发出的光会吸引小苍蝇和其他飞行的夜行性昆虫。幼虫生活在布满黏性液滴的网中。当飞行的昆虫撞入黏液网中，蕈蚊就会吃掉它们！

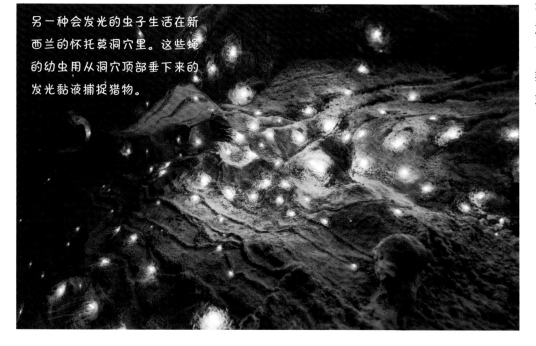

另一种会发光的虫子生活在新西兰的怀托莫洞穴里。这些蝇的幼虫用从洞穴顶部垂下来的发光黏液捕捉猎物。

社会性昆虫

有很多类群的昆虫都过着群居生活。你见过蚂蚁成列地在地上爬吗？你还见过其他的群居昆虫吗？有的昆虫总是群居，但也有的昆虫群居时间很短，还有的根本不会群居。

有些是，有些不是

蜻蜓和豆娘总是独自行动。

有的昆虫小时候住在一起，成年后就各奔东西了，比如这些蝽。

有的昆虫只在白天集群，晚上会独自觅食。

有的昆虫总是在一起生活，比如蜂。

有很多种形式的家庭

　　每当提到群居的昆虫，你可能首先想到的是真正的社会性昆虫。所有的蚂蚁和白蚁、许多种类的蜜蜂、一些胡蜂以及部分甲虫和蚜虫都是社会性昆虫。这些物种中的个体共享一个巢穴，只有一个或几个成虫（蚁后）参与繁殖。巢穴中还居住着其他雌性（工蚁或者兵蚁），有时有一只或者多只雄性。工蚁不参与繁殖，但它们会负责照顾后代。（后代包括卵、幼虫和蛹。）通常，一个巢里会同时居住着好几代昆虫。

蠼螋妈妈与卵和若虫宝宝在一起。

蚂蚁的成虫在照顾幼虫。

昆虫在一起做什么——生存

　　当昆虫们聚集在一起，就会有很多很多眼睛一起提防捕食者。许多群居昆虫还会用化学物质保护自己。团结就是力量！

　　许多其他种类的昆虫生活在家庭小群体中，但它们与社会性昆虫有一些不同之处。蠼螋妈妈会清洁它们的卵，喂养若虫，保护卵和若虫不受捕食者的伤害，但是它们会独自担起筑巢重任，而不是和其他的蠼螋妈妈共同完成这项任务。

虫多力量大！叶蜂幼虫挤在一起共同防御外敌。

夹竹桃蚜虫（下图）和大蜜蜂（右侧下图）生活在大群体当中。当捕食者从空中发起攻击时，距离捕食者最近的虫就会不断地一起上下摆动身体。附近的蚜虫或蜜蜂会感受到这种上下运动的发生，所以它们也会照做，只是稍微有点延迟。这样整个群体的动作看起来仿佛波浪一般，很像体育场里球迷玩的人浪。

上图：角蝉若虫通过做波浪运动来警告它们的妈妈，告诉它狡猾的捕食者正在攻击哪个位置。妈妈会过去保护自己的幼虫然后示意它们保持安静。

上图：当胡蜂等捕食者进攻巢穴时，日本蜜蜂和大蜜蜂都会围绕着敌人形成蜂球。每只蜜蜂都振动胸部的飞行肌肉产生热量。所有的蜜蜂一起将蜂球内的温度升高到45℃或以上，胡蜂就会被热死。

找到并吃掉食物

父母会养育自己的孩子，昆虫也不例外。蠼螋妈妈会吐出食物喂养若虫；葬甲会将卵和死去的动物埋在一起，这样它们的孩子就有足够的食物了。

一些角蝉若虫成群地取食嫩叶。当树叶变老，角蝉就开始骚动并一同转移阵地。其中几个若虫会离开群体四处游荡，当它们找到新的嫩叶时，会通过植物的茎传播振动来告诉其他角蝉去哪儿找饭吃。

角蝉若虫

找到新家

社会性昆虫会开发新的巢穴和居住地。有时候，蜂后会独自建立新巢，但是有时也会有很多工蜂和它一起完成工作，上图所示的蜂群就是这种情况。你见过蜂群吗？

下图：蚂蚁通过群体合作捕获和搬运大型猎物。你见过蚂蚁一起搬运东西吗？

保持温暖，保持凉爽

社会性昆虫不会让它们的后代经历剧烈的温度变化。蜜蜂、胡蜂、蚂蚁和白蚁只靠聚在一起就能提高巢穴的温度！为了使后代保持温暖，蜜蜂也会抖动飞行肌肉，一些胡蜂会从它们的气孔吹出温暖的空气。为了使巢降温，它们则会扇动翅膀吹风。

天幕毛虫通过留下化学物质轨迹的方式通知同伴食物的位置。

澳大利亚的锯蜂幼虫晚上会在树上聚成小群取食。它们合并成大部队从一棵树移动到另一棵树，形成长长的一支队伍。生物学家林恩·莱彻发现，当一只锯蜂幼虫与群体分开时，它会在树上或地上敲打自己的"屁股"，而其他的幼虫会作出回应，迷路的幼虫借此搜寻并找到同伴。

左下图：一大群澳大利亚的锯蜂幼虫聚集在树干上。

右图及右下图：锯蜂幼虫正在啃食植物叶片。

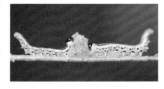

虫虫夏令营实验室

诱捕蚂蚁的有趣实验

蚁群的规模有的非常庞大。工蚁必须为家族中的每个个体带回足够的食物。一个蚁群需要多长时间才能找到食物？侦察兵如何引导它们的同伴找到食物？你可以用食物引诱蚂蚁来回答这些问题！找个晴朗温暖的日子，引诱蚂蚁的效果最好。

你需要
卡纸
诱饵，例如蜂蜜、糖浆、花生酱、饼干或肉罐头（金枪鱼或午餐肉就不错）
笔记本或数据表
铅笔

怎么做

1 阅读下面的步骤。预测一些蚂蚁找到你的诱饵需要花多长时间。每到15分钟、30分钟和45分钟时检查诱饵，预测一下你会看到多少蚂蚁。

2 按照示例中的图表在你的笔记本中进行记录。

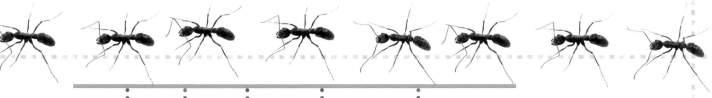

日期	诱饵	时间	地点	蚂蚁类型	数量
6月7日	花生酱	1 pm	家附近的土地上	小而黑	1
		1:15 pm		小而黑	3
		1 pm	小道旁边的土地上	大而红	1
		1:15 pm		大而红	1

虫虫夏令营小贴士

蚂蚁经常和其他昆虫待在一起，比如蚜虫和角蝉。留意蚂蚁并跟随它们，你可能会发现其他类群的昆虫！

3 在至少两张卡片上放等量的诱饵食物。选择放置诱饵的地方，建筑、庭院或花园都行。将卡片放在地上，每张卡片之间至少距离几步远。记下时间就可以走了。

4 每隔15分钟检查你的诱饵，共持续一小时。检查时，数一数蚂蚁的数量并记录下来。观察诱饵的时候不要捉蚂蚁！

5 看看笔记本里的数据，回想一下第一步中做的推测。你的预测和结果相符吗？你可以用 X 轴表示分钟，Y 轴表示蚂蚁数量，做成图表展示结果。如果再做一次这个实验，你会做什么改变？

蚂蚁是如何找到食物的？

有些蚂蚁会在地面上留下化学痕迹，告诉它们的同伴食物在哪里。其他蚂蚁会一次带着一个同伴直接去食物所在的地方。（如果你看到成对的蚂蚁一起奔跑，可能就是这种情况了。）有些蚂蚁会同时采用这两种方法。观察你能找到的蚂蚁，看到了什么？

如果你看到一排蚂蚁在跑，或者它们看起来在跟随一条痕迹前进，试着用纸片盖住这条痕迹的一部分。你觉得会发生什么？等上15分钟，然后把纸翻过来，你猜猜又会发生什么？试试看吧！

会说话的昆虫

雄性蟋蟀用翅膀发声。

许多昆虫通过连续摩擦身体上的一些部位来发声。当昆虫以这种方式发出声音时，就称之为摩擦发声。蟋蟀和螽斯用它们的前翅发声，而蝗虫用后足发声。

观察一只正在唧唧叫的雄性蟋蟀，注意它是如何将一对翅膀举在腹部上方并来回交叉移动的。每个翅膀上都有一个长着许多齿的音锉和一个刮刀。当翅膀来回移动时，其中一个翅的刮刀会穿过另一个翅的音锉。这些运动会导致翅膜振动并发出声音。刮刀和音锉只在翅闭合时接触，所以翅运动的每一个循环都能发出一个声音脉冲。

蟋蟀能够以非常快的速度来回移动它们的翅——有些物种超过每秒一百次！（每秒钟你能拍几次手或打几个响指？）单独一个翅的移动可能很难观察到。仔细听，你能在唧啾颤音中听到不止一个频率的声音吗？

游戏时间

你可以通过和朋友玩声音游戏来了解蟋蟀以及其他夜行昆虫的信号。找一个成年人或不想玩的人做裁判。

1 找一个合作伙伴！两两在大空地上或体育场里结成对子。每对给一把梳子、一根铅笔和两个眼罩。

2 每对假装成一种蟋蟀。因为不同的蟋蟀发出的信号是不同的，因此每组必须发出一种独特的声音。用铅笔划过梳子来发声。（如果你想像蟋蟀一样思考，想象铅笔是一个刮刀，梳子则是音锉。）练习发声的时候，想想什么样的声音信号更好。响亮而传播得很远的？重复不变的？或者与别的声音有很大不同的？还是具备上面三种特色的？你有五分钟的时间想好合适的信号。

3 让每对参与者决定谁是发声者，谁是接收者。当游戏开始时，发声者站着不动并发出声音，而接收者会四处移动。听起来挺容易的吧？你可别忘了，蟋蟀可是夜间活动的。

4 为了看起来像晚上，戴上眼罩。比赛结束前不许偷看，也不许说话。安全提示：蒙上眼睛移动的时候要缓慢小心。裁判要注意不要让选手互相碰撞和绊倒。

5 开始四处走动，直到每个人都分开，裁判大叫"信号开始！！"当接收者找到他／她的发声者，游戏就结束了。

6 玩了几次之后，和你的朋友讨论一下你们的信号。找到同伴的过程难吗？下次你会选择不同的信号吗？

7 有时捕食者或寄生虫会利用信号寻找猎物或宿主。在游戏中加一个蒙上眼睛的捕食者或寄生虫。如果发声者在吸引到配偶之前先吸引到了捕食者或寄生虫，那么这组的游戏就结束了。这一改变对信号的效果有什么影响呢？

雪树蟋被称为体温计蟋蟀，因为你可以通过数它们的鸣叫声来计算温度。

记录昆虫声音的有趣实验

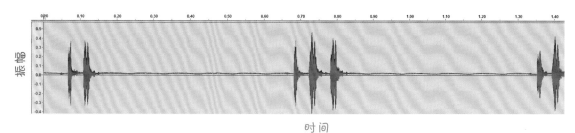

时间

任何一种录音设备都能用来记录昆虫唱歌的声音。用手机或电脑上的录音软件来记录蟋蟀的歌声，这些软件可以生成表达声音的图片来显示昆虫鸣叫的时刻和音量。每个音波就是一个波形。

在第 88 页左上方的图片中，雄蟋蟀在第一次和第三次鸣叫时翅移动了两次。第二次鸣叫时移动了三次。

别忘了在你录昆虫声音的同时也要记录当时的温度，因为昆虫在寒冷的时候移动速度非常慢，这就会改变它们发出的声音。

例如，一只很热的蟋蟀振翅的频率肯定要比一只很冷的蟋蟀快得多。

移动的昆虫

你有没有注意到，如果你让门廊的灯开着，昆虫就会飞向它？门廊的灯是捕捉一些夜行性昆虫的好工具，这也是生物学家说的趋性的一个例子。趋性是一种动物靠近或远离某种东西的行为。

在上面门廊灯的例子中，光就是刺激源，昆虫则趋向它飞行。当动物移向刺激源时，反应是正向的。而有一些昆虫，比如蟑螂，会远离光亮，这是一种负向反应。趋光性这个词描述对光亮的反应。蛾子的趋光性为正，蟑螂的趋光性为负。

现在在脑子里想想趋性这个概念。你会对一块巨大的巧克力蛋糕表现出正向或负向的趋性吗？ 10 个小时的家庭作业呢？一只可爱的小狗怎么样？动物会对各种各样的事物表现出趋性。

刺激源类型	英文前缀	形容词
光	Photo	趋光性
声音	Phono	趋声性
化学物质	Chemo	趋化性
磁性 （来自地球的磁场）	Magneto	趋磁性
重力	Geo	趋地性
触碰	Thigmo	趋触性
潮汐（风或水）	Rheo	趋流性

趋光性实验

萤火虫会制造光信号，也会对光信号做出反应。在野外，雌性会待在一个地方，回应飞行雄性的闪光信号。当雄性萤火虫再回应并向闪光的雌性移动时，这就是正向趋光性。雄性和雌性轮流闪烁，雄性的信号和雌性的回应之间的时间长短因物种而异。

你可以通过在野外寻找雌性萤火虫来研究趋光性。观察它们对附近的雄性信号做出的反应。用秒表测量雄性信号与雌性信号的间隔时长。时间总是一样的吗？如果是，可以用一个小笔灯按你观察到的时间来回应雄性。你能将雄性吸引到手边吗？

蟑螂迷宫

你可以用 T 或 Y 形迷宫来测量蟑螂的趋光性。蟑螂会沿着跑道爬，在亮的通道和暗的通道之间做出选择。你认为它会选择哪个方向呢？

自己动手制作一个迷宫，可以用硬纸板和胶带制作跑道，积木也可以，乐高就不错。墙的高度可以按自己的喜好来，你还可以用透明的塑料布或保鲜膜把它盖住。实验时使用红光观察，迷宫的另一端用一个小手电筒打光。

T 形迷宫

暗 ← ····· → 亮

起点

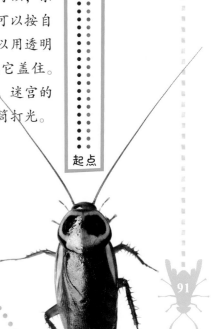

91

纸板做的丁字迷宫。

像科学家一样思考

生物学家用迷宫来测试各种各样的动物会做出什么样的决定。在做实验的时候，科学家喜欢多次重复相同的实验，因为有时事情的发生只是偶然的。如果你的蟑螂选择了迷宫里光亮的那边，你怎样知道它选择那边是因为光亮而不是因为偶然？既然你给了蟑螂两种选择——光亮和黑暗——它就有50%的机会去选择光亮，就算蒙上蟑螂眼睛也是一样的概率。解决这个问题的办法是对同一实验进行多次重复。

蟑螂向光亮的地方跑也可能并不是因为想接近光，仅仅因为它喜欢那个方向而已。解决这一问题的办法是随机设置光亮和黑暗的位置。你可以用投硬币的方式决定迷宫方向。如果硬币人头朝上，就把暗处设在右边，反之则设在左边。

趋声性

一些动物会发出声音信号寻找同类物种的成员进行交配。当雄性（或雌性）发出信号时，雌性（或雄性）会向其移动。例如，雄性蟋蟀的鸣声会吸引雌性奔向或飞向鸣叫的雄性。它们的运动正是趋声性的正向例子。

你可以通过记录雄性蟋蟀的叫声并将其回放给雌性蟋蟀听来探索蟋蟀的趋声性。抓一些野生蟋蟀，可以循声找到它们，也可以在原木和岩石下翻找。雌性蟋蟀长着从腹部伸出来的长矛一样的器官将卵排出体外。将雄性放在小铁丝笼子里，当它们摩擦翅膀发声时，记录下来。还记得每个物种都有自己的歌声吗？雌性会对来自不同物种的雄性的歌声做出反应吗？想要知道答案，录制两种不同蟋蟀的叫声，然后播放给雌性蟋蟀。

趋流性

你可以在溪流中的昆虫身上观察到趋流性，蜉蝣就是不错的观察对象。去小溪边，翻看平坦的石头，找找有没有大个的蜉蝣。把石头放在水流中观察。它们会脸朝上游还是朝下游？现在慢慢转动岩石，让它们面对不同的方向。蜉蝣会改变相对于溪流的方向吗？你觉得它们为什么会面对这个方向？

观察溪流中的蜉蝣有助于了解趋流性。

趋触性的有趣实验

把一只昆虫放在方形的容器里观察。测算它在盒壁边会待多长时间，以及在远离盒壁的地方又会待多长时间。即使容器中心有很多的空间，大部分的昆虫还是会沿着盒壁待着。这就是正向的趋触性。为什么昆虫对触觉的反应如此重要？在野外环境中靠近一些坚固的物体有什么优势吗？

致谢

我要感谢赫伯·庞弗雷，是他在一个个夏天陪伴我共同创作虫虫夏令营；Burroughs Wellcome 基金还为我们提供了备受赞赏的露营基金；还要感谢听我们授课的"小虫们"。我也要感谢约翰·特里普、汤姆·沃克、吉姆·劳埃德和罗恩·霍伊，感谢他们对昆虫科学研究的热情，感谢琳达·布洛克对手稿提出的出色建议。感谢道恩·库西克和苏珊·麦克布莱德的辛勤工作，是他们让这本书变得有趣。最后，感谢母亲，谢谢您一直让我探索——即使你不知道那正是我昆虫学生涯的启蒙。

——蒂姆·福莱斯特

感谢蒂姆·福莱斯特和赫伯·庞弗雷在许多年前介绍我参加虫虫夏令营！感谢生物学家与我分享他们对大自然的热爱，并让我参与到美妙的野外体验中。蒂姆、雷克斯·科克罗夫特和克里斯汀·米勒指导我成为一名生物学家和教育家。感谢苏珊·麦克布莱德和唐恩·库西克，谢谢他们的耐心和辛勤的工作，感谢他们让这个项目成为一次美妙的经历。最后，感谢我的父母鼓励我在树林和小溪里玩耍。生物学家永远不会长大。

——伊安·哈梅尔

作者想对以下的诸位插画师和摄影师所做出的创作性贡献表示感谢。

Joseph Berger/Bugwood.org/Creative Commons (page 88-top left); Ronald F. Billings/Texas A&M/Forest Service/Bugwood.org (page 70-upper right); BlueDawe/Wickimedia Commons (page 86-bottom right); Andrew C./Wickimedia (page 70-bottom right), Clemson University/USDA Cooperative Extension Slide Series/Bugwood.org (page 55-bottom); Rex Cocroft (page 85-bottom); Stephen Dalton/Getty Images (page 28-top); Jeff Delonge/Creative Commons (page 32-middle left); S. Dennis (page 84-top); T.G. Forrest (pages 27-bottom left, 28-top and bottom left, 29-left, 35-bottom, 36-top right, 38-bottom and top, 39-bottom left, 42-top right, 43-top left, top right, and bottom, 44-above top left, top right, and below, 45-above and below, 46-top left and bottom right, 47, 48-left, 50-top right, 51-top, 66-bottom, 67-top right, 75-bottom left, 78-bottom, 80-top right, 81-top, 89-top right and bottom, 92-top left, back cover-center left, middle, and right, and back jacket flap-top); Alex Gorringe/Wickimedia Commons (page 86-bottom left); Jen Hamel (pages 17-top center and top left, 19-middle left and right, 64-middle right, 82-middle left, 84-top, and back jacket flap-bottom); London Scientific Films/Getty (page 60-bottom right); Dan Mele (pages 25-bottom left, 34-top right, and 79-top right); Tom Oates (page 83-top); Sarefo/Creative Commons (page 71-top); Adam Sisson/Iowa State University/Bugwood.org (page 82-middle right); Takahashi/Wickimedia Commons (page 84-bottom right); S. E. Thorpe/Wickimedia Commons (page 23-top right); Waitomo Glowworm Caves/New Zealand (page 81-bottom); and Christian Ziegler/Getty Images (page 71-bottom left)

From Shutterstock: 5 Second Studio, Accurate Shot, Zuhairi Ahmad, Alexsvirid, Alle, Brandon Alms, Alslutsky, Protasov An, Anatolich, Calvin Ang, Antonsov85, Aodaodaodaod, Arsgera, Asharkyu, Juan Aunion, Evgeniy Ayupov, Nancy Bauer, Radu Bercan, Hagit Berkovich, Blue Ring Media, Blur Life 1975, BMCL, Aleksander Bolbot, Ryan M. Bolton, Stephen Bonk, Steve Bower, Boyphare, Alena Brozova, Edwin Butter, Caimacanul, Joseph Calev, Captiva55, Chanachola, Suede Chen, Katarina Christenson, Cindy Creighton, Corlaffra, Cynoclub, Nicola Dal Zotto, Nathan B. Dappen, Gerald A. DeBoer, Angel DiBilio, Dog Box Studio, Dynamicfoto, EEO, Ehtesham, Dirk Ercken, Agustin Esmoris, Exopixel, Fablok, Geza Farkas, Melinda Fawver, Fivespots, A.S. Floro, Forest71, Tyler Fox, Watcher Fox, Glenda, Iliuta Goean, Bildagentur Zoonar GmbH, Guy42, Happykamill, Elliotte Rusty Harold, HHelene, Jiang Hongyan, Hopko, Carlos Horta, HTU, Vitalii Hulai, IamTK, Iceink, Infocus, Bogdan Ionescu, Iordanis, Irin-k, IrinaK, Eric Isselee, Sebastian Janicki, Likhit Jansawang, Matt Jeppson, Vaughan Jessnitz, Gregory Johnston, Jps, Sakdinon Kadchiangsaen, Cathy Keifer, Keneva Photography, Anton Kozyrev, Dmitriy Krasko, Kritskaya, Maya Kruchankova, K. Kucharska, D. Kucharski, Kurt_G, Ladyphoto, Hugh Lansdown, Chayatorn Laorattanavech, Henrik Larsson, Doug Lemke, Littlekop, Soloviova Liudmyla, Louella938, Bruce MacQueen, Fabio Maffei, Cosmin Manci, Markh, Mastering Microstock, Mathisa, Cosmin Manci, Medicus, MJTH, Thalerngsak Mongkolsin, MP cz, Narintorn_m2, Maks Narodenko, Aksenova Natalya, Pedro Turrini Neto, Chakkrachai Nicharat, NinaM, NumPhoto, Oksana2010, Fedorov Oleksiy, Nikitina Olga, Bernatskaya Oxana, Padung, Pandapaw, Fabrice Parais, Evgeny Parushin, Somyot Pattana, Paul Reeves Photography, Heiti Paves, Andrey Pavlov, Michael Pettigrew, Photomaster, Photosync, Photowind, Daniel Prudek, Nikola Rahme, Randimal, Morley Read, Rebell, Ian Redding, Aigars Reinholds, Buntoon Rodseng, Paul Rommer, Armin Rose, Jason Patrick Ross, Manfred Ruckszio, R. Runtsch, David Peter Ryan, Peter Schwarz, Schankz, Seeyou, Seregraff, Sergyiway, Guillermo Guerao Serra, Shaftinaction, Ssguy, Starover Sibiriak, Andrew Skolnick, Skoda, Skynetphoto, Angelika Smile, Snapinadil, Somchai Som, QiuJu Song, South 12th Photography, Satit Srihin, Olya Steckel, Steven Russell Smith Photos, Marek R. Swadzba, Johan Swanepoel, Piti Tan, Tetxu, Thatmacroguy, Timquo, Tntphototravis, Tomatito, Marco Uliana, Hector Ruiz Villar, Vchal, Kirsanov Valeriy Vladimirovich, Dennis van de Water, Nick van den Broek, Sphinx Wang, Xfdly, Pan Xunbin, Yaping, Yeko Photo Studio, Feng Yu, and Carlos Yudica

术语

适应：一种可以帮助有机体在同一地点比其他同类生物繁殖更多后代的行为、身体结构或能力。

行为：有机体的活动方式。

伪装：融入环境。

群落：一个地方所有活的有机体。

DNA：生物体基因的化学组成。

卵：胚胎动物生命周期的第一个阶段，是胚胎发育的场所。

外骨骼：在昆虫和其他节肢动物中，由几丁质构成的坚固的外部骨骼。

栖息地：一个有机体或一群有机体居住的地方。

变态：个体在其生命周期中的身体变化。

蜕皮：在昆虫和其他节肢动物中，由于生长而脱落的外骨骼。

寄生虫：以另一个有机体（宿主）为食或伤害它的有机体。

拟寄生：杀死寄主的寄生虫。

系统发育：一个分支树形图，显示分类阶元之间的关系。昆虫系统发育树见第 20 页。

捕食者：捕食其他生物的有机体。

猎物：被其他动物杀死或吃掉的动物。

物种：一组可以彼此繁殖但不能与其他生物繁殖的有机体。

共生：两个或两个以上的有机体紧密生活在一起并相互作用。

分类阶元：一组具有共同特征的有机体。

毒素：一种对生物有害的物质。

95